Duden

150 Textaufgaben

5. bis 10. Klasse

Alle Themen
Typische Aufgaben

Mit Illustrationen von Steffen Butz

Dudenverlag
Mannheim • Zürich

Bibliografische Information der Deutschen Nationalbibliothek
Die Deutsche Nationalbibliothek verzeichnet diese Publikation in der Deutschen Nationalbibliografie; detaillierte bibliografische Daten sind im Internet über http://dnb.ddb.de abrufbar.

 D C B A
Bibliographisches Institut GmbH
Dudenstraße 6, 68167 Mannheim

Redaktionelle Leitung Anika Donner
Redaktion Dr. Wiebke Salzmann
Autor Timo Witschaß

Herstellung Annette Scheerer
Layout Horst Bachmann
Illustration Steffen Butz
Umschlaggestaltung Michael Acker
Umschlagillustration Steffen Butz
Satz tiff.any GmbH, Berlin
Druck und Bindung Firmengruppe APPL
Senefelder Straße 3–11, 86650 Wemding
Printed in Germany

ISBN 978-3-411-74391-9

Liebe Schülerin, lieber Schüler!

Du möchtest das Lösen von Textaufgaben trainieren und dadurch besser werden? Mit diesem Buch bist du auf dem richtigen Weg dazu. Der Schwerpunkt des Bandes ist das Üben: Mehr als 150 Textaufgaben ermöglichen es dir, dich auf die Klassenarbeit vorzubereiten und das Lösen von Textaufgaben zu trainieren. Dabei kannst du die Themenbereiche, die dir Schwierigkeiten bereiten, ganz gezielt angehen. Die Kapitel greifen Themen auf, die du von der 5. bis zur 10. Klasse beherrschen musst. Am Anfang der Kapitel bzw. Unterkapitel erleichtern die „Infokästen“ den Einstieg.

Infokästen

In den Kästen findest du zusätzlich kurze Regeln und Rechenwege. Sie liefern den Stoff, den du aus der Schule kennst, in kleinen Portionen zum Auffrischen und Wiederholen. Danach kannst du das Wissen aus den Infokästen anhand der nachfolgenden Aufgaben üben.
Merke dir: Es ist nicht wichtig, dass du die Regeln auswendig lernst, sondern dass du sie anwendest, denn Übung macht den Meister.

Ob du nun Textaufgaben zu linearen Gleichungssystemen, zur Geometrie, Prozent- und Zinsrechnung oder Wahrscheinlichkeitsrechnung trainieren willst, zu allen Themen gibt es die entsprechenden Textaufgaben. Einige Aufgaben löst du direkt im Buch, andere in einem Übungsheft.
Damit du dich bei den Übungen leicht zurechtfindest, steht in der Randspalte die Klassenstufe, für die die Aufgaben geeignet sind. Dies ist aber nur eine grobe Einordnung zur ersten Orientierung, schließlich unterrichtet nicht jeder Lehrer gleich und oft werden in späteren Jahrgängen Aufgaben noch einmal abgefragt.
Wenn du vor dem Üben noch einmal nachschauen möchtest, wie man Textaufgaben geschickt lösen kann, schau dir zunächst das Kapitel „Clevere Tipps zum Lösen von Textaufgaben“ (↑ S. 120) an. Die ausführlichen Lösungen zu den Übungen findest du am Ende des Buches.

Inhalt

Empfohlen für: 5 = 5. Klasse 6 = 6. Klasse 7–8 = 7. bis 8. Klasse usw.

Empfohlen für: 5 = 5. Klasse 6 = 6. Klasse 7–8 = 7. bis 8. Klasse usw.

Clevere Tipps zum Lösen von Textaufgaben

Lösungen

1 Terme und Gleichungen

1.1 Rechnen mit natürlichen Zahlen

Große Zahlen

Beim Schreiben von großen Zahlen fasst man immer 1000 Einheiten zu einer nächsthöheren Einheit zusammen und bezeichnet sie mit einem neuen Zahlwort:
1000 = 1 Tausend; 1 000 000 = 1 Million; 1 000 000 000 = 1 Milliarde;
1 000 000 000 000 = 1 Billion

Man kann große Zahlen durch Zwischenräume in Dreierpäckchen gliedern.

1 **Schreibe als Zahl und in Worten.**

a) An der 8. Stelle steht eine 8, sonst besteht die Zahl nur aus Nullen.
b) An der 11. Stelle steht eine 2, an der 12. Stelle eine 5, sonst besteht die Zahl nur aus Nullen.
c) Eine 7-stellige Zahl, in der keine Ziffer außer der 3 vorkommt.
d) Eine 12-stellige Zahl, die vorne sechsmal die Ziffer 4 und am Ende sechsmal die Ziffer 9 enthält.
e) Die kleinstmögliche 8-stellige Zahl.
f) Die größtmögliche 10-stellige Zahl.
g) Die kleinstmögliche 9-stellige Zahl, die alle geraden Ziffern enthält.
h) Die größte ungerade 7-stellige Zahl.

2 **Berechne die folgenden Aufgaben.**

a) Wie alt ist ein Mensch in Tagen, wenn er eine Million Sekunden alt ist?
b) Wie hoch ist ein Stapel aus einer Milliarde Münzen, wenn jede 2 mm dick ist?

Runden und Überschlagen

Ist die erste Ziffer nach der Rundungsstelle 5, 6, 7, 8 oder 9, wird **auf**gerundet. Ist die erste Ziffer nach der Rundungsstelle 0, 1, 2, 3 oder 4, wird **ab**gerundet.

Beispiel: 3456 auf die Zehnerstelle gerundet wird zu 3460.
3454 auf die Zehnerstelle gerundet wird zu 3450.

Beim Überschlagen einer Rechnung rechnet man im Kopf mit stark gerundeten Werten, um eine Größenvorstellung vom Ergebnis zu erhalten.

Beispiel: Statt 976 534 · 5256 rechnet man: 1 000 000 · 5000

3 Henry bekommt von seiner Mutter 20 €, um Knabbergebäck für die Geburtstagsparty einzukaufen. Er lädt Folgendes in seinen Einkaufswagen: sechs Tüten Chips für 2,49 €, fünf Tüten Salzstangen zu 89 ct und zwei Tafeln Schokolade zu 1,09 €. Reicht sein Geld?

4 Ein 7,29 m langer Lkw kann 24 860 kg Sand transportieren. Aus einer Sandgrube müssen 986 233 kg Sand zu einer Autobahnbaustelle transportiert werden. Der Weg dorthin dauert 17 Minuten. Für eine Tonne Sand muss der Auftraggeber 5,21 € bezahlen.

a) Wie viele Lkw-Fahrten werden ungefähr benötigt?

b) Überschlage, wie lang etwa eine Autoschlange wäre, wenn man alle benötigten Lkw hintereinander aufreihen könnte.

c) Wie lange würde es ungefähr dauern, den Sand abzutransportieren, wenn man nur einen Lkw zur Verfügung hätte?

d) Wie viel muss der Auftraggeber für den Sand etwa bezahlen?

Addieren und Subtrahieren natürlicher Zahlen

Beim **Addieren** dürfen die Summanden vertauscht werden **(Kommutativgesetz).**

Beispiel: $5 + 4 = 4 + 5$

Auch die Reihenfolge der Rechenschritte darf beim **Addieren** vertauscht werden **(Assoziativgesetz).**

Beispiel: $(5 + 4) + 6 = 5 + (4 + 6)$

Beim **Subtrahieren** dagegen dürfen **weder** Minuend und Subtrahend **noch** die Rechenschritte vertauscht werden.

Beispiel: $5 - 2 \neq 2 - 5$
$(7 - 4) - 2 = 3 - 2 = 1$, aber $7 - (4 - 2) = 7 - 2 = 5$

5 **Übertrage den Text der Aufgaben zunächst in einen Rechenausdruck. Berechne anschließend dessen Wert.**

a) Subtrahiere von 600 000 die Summe der Zahlen 72 009 und 311 777.

b) Vergrößere die Differenz aus 8954 und 6294 um 3459.

c) Subtrahiere die Differenz der Zahlen 7654 und 449 von deren Summe.

6 **Ein Obsthändler bekommt zu Beginn der Woche 600 kg Bananen geliefert. Am Montag verkauft er im Laden 75 kg und am Dienstag 57 kg. Am Mittwoch kann er auf dem Markt 245 kg absetzen. Am nächsten Tag kauft er noch 120 kg Bananen hinzu. An den folgenden zwei Tagen können nochmals 86 kg und 63 kg Bananen verkauft werden. Als der Händler am Samstag Nachmittag sein Geschäft schließt, ist er mit dem Tagesverkauf sehr zufrieden. Nur 82 kg müssen im Kühlhaus eingelagert werden. Wie viel Kilogramm Bananen konnte der Händler am Samstag noch absetzen?**

Multiplizieren und Dividieren natürlicher Zahlen

Beim **Multiplizieren** dürfen die Faktoren vertauscht werden **(Kommutativgesetz).**

Beispiel: $3 \cdot 5 = 5 \cdot 3$

Auch die Reihenfolge der Rechenschritte darf beim **Multiplizieren** geändert werden **(Assoziativgesetz).**

Beispiel: $(3 \cdot 5) \cdot 7 = 3 \cdot (5 \cdot 7)$

Beim **Dividieren** dagegen dürfen **weder** Dividend und Divisor **noch** die Rechenschritte einfach vertauscht werden.

Beispiel: $8 : 2 \neq 2 : 8$
$(24 : 6) : 2 = 4 : 2 = 2$, aber $24 : (6 : 2) = 24 : 3 = 8$

7 Berechne die folgenden Aufgaben.

a) Ein Pkw verbraucht für 100 km durchschnittlich 8 Liter Benzin. Wie viel Benzin benötigt er für eine 1700 km lange Fahrt?

b) Der Lieferwagen eines Getränkehändlers kann 65 Getränkekisten transportieren. Wie viele Kisten wurden ausgeliefert, wenn das Fahrzeug an einem Tag 13-mal voll beladen das Getränkelager verlassen hat?

c) Eine Verpackungsmaschine verpackt jeweils 6 Eier in einen Eierkarton. Täglich schafft diese Maschine 4500 solcher Kartons. Wie viele Eier werden in einem Monat mit 30 Tagen verpackt?

8 Übertrage den Text zunächst in einen Rechenausdruck und berechne anschließend das Ergebnis.

a) Multipliziere das Dreifache von 15 mit der Hälfte von 866.

b) Multipliziere den Quotienten aus 60 und 12 mit 80.

c) Dividiere das Produkt aus 35 und 18 durch 45.

Terme mit natürlichen Zahlen

Ein **Term** besteht aus Zahlen, Potenzen und Rechenzeichen und wird mithilfe von Klammern gegliedert. Für die Reihenfolge der Berechnung gibt es folgende „Vorfahrtsregeln“:

1. Klammern werden zuerst berechnet; bei mehreren verschachtelten Klammern wird „von innen nach außen“ gerechnet.
2. Gibt es keine Klammern, rechnet man von links nach rechts.
3. Potenzrechnung vor Punktrechnung vor Strichrechnung.

Oft braucht man auch das **Distributivgesetz:** Eine Summe (oder eine Differenz) kann mit einem Faktor multipliziert werden, indem man jeden Summanden (bzw. Minuend und Subtrahend) einzeln mit dem Faktor multipliziert und die entstandenen Produkte addiert (bzw. subtrahiert).

Beispiel: $(6 + 10) \cdot 2 = 6 \cdot 2 + 10 \cdot 2 = 12 + 20 = 32$

Will man eine Summe (oder Differenz) durch einen Divisor teilen, geht man entsprechend vor:

Beispiel: $(6 + 10) : 2 = 6 : 2 + 10 : 2 = 3 + 5 = 8$

9 Übertrage den Aufgabentext zunächst in einen Term. Überschlage dann das Ergebnis, um es anschließend exakt zu berechnen.

a) Addiere 34 zum Produkt aus 12 und 9.

b) Dividiere die Summe aus 35 und 25 durch ihre Differenz.

c) Subtrahiere 195 vom Produkt aus der größten und der kleinsten dreistelligen Zahl.

d) Multipliziere den Quotienten aus dem Divisor 24 und dem Dividenden 120 mit der Differenz aus dem Minuenden 45 und dem Subtrahenden 29.

e) Vermindere die dritte Potenz von 5 um die Summe aus 19 und der Quadratzahl von 6.

Gleichungen mit natürlichen Zahlen

Sind zwei Terme durch ein Gleichheitszeichen verknüpft, bilden sie eine **Gleichung.**
Gleichungen können durch gezieltes Probieren gelöst werden oder mit den folgenden Umkehrungen.

Gleichung	Umkehrung
$x + a = b$, also z. B.: $x + 5 = 9$	$x = b - a$ $x = 9 - 5$
$x - a = b$, also z. B.: $x - 2 = 3$	$x = b + a$ $x = 3 + 2$
$a - x = b$, also z. B.: $8 - x = 3$	$x = a - b$ $x = 8 - 3$

Gleichung	Umkehrung
$a \cdot x = b$, also z. B.: $4 \cdot x = 12$	$x = b : a$ $x = 12 : 4$
$x : a = b$, also z. B.: $x : 2 = 7$	$x = b \cdot a$ $x = 7 \cdot 2$
$a : x = b$, also z. B.: $36 : x = 9$	$x = a : b$ $x = 36 : 9$

10 Übertrage den Text der Aufgaben in Gleichungen. Versuche anschließend, diese Gleichungen zu lösen.

a) Addierst du 15 zu einer unbekannten Zahl, so erhältst du 67.

b) Subtrahierst du 12 von einer unbekannten Zahl, so erhältst du 144.

c) Multiplizierst du eine unbekannte Zahl mit 8, erhältst du 72.

d) Dividierst du eine unbekannte Zahl durch 15, erhältst du 6.

11 Wandle den Rätseltext in eine Gleichung um und löse diese.

a) Tom verteilt seine Briefmarken gleichmäßig an seine 6 Freunde. Zusammen mit seinen eigenen 95 Briefmarken besitzt Markus anschließend 114 Marken. Wie viele Briefmarken hatte Tom?

b) Martina hat 74-mal denselben Geldbetrag in ihre Spardose geworfen. Nachdem sie 16 € für eine neue CD entnommen hat, befinden sich noch 206 € in der Spardose. Wie hoch war der Geldbetrag, den Martina zuvor jedes Mal eingeworfen hat?

Gemeinsame Teiler und Vielfache

Das **kleinste gemeinsame Vielfache (kgV)** zweier Zahlen a und b ist die kleinste Zahl, die sowohl in der Vielfachenmenge von a als auch in der Vielfachenmenge von b vorkommt. Man bestimmt das kgV, indem man die höchsten Potenzen aller Primfaktoren, die in den Primfaktorzerlegungen beider Zahlen vorkommen, multipliziert. Diejenigen Primfaktoren, die in beiden Zahlen vorkommen, werden nur einmal verwendet, z. B.:

$60 = 2^2 \cdot 3 \cdot 5;\ 18 = 2 \cdot 3^2 \rightarrow \text{kgV}\,(18, 60) = 2^2 \cdot 3^2 \cdot 5 = 180$

Der **größte gemeinsame Teiler (ggT)** zweier Zahlen a und b ist die größte Zahl, die sowohl in der Teilermenge von a als auch in der von b vorkommt. Um den ggT zu bestimmen, multipliziert man alle Primfaktoren, die in den Primfaktorzerlegungen beider Zahlen gleichzeitig vorkommen, z. B.:

$216 = 2 \cdot 2 \cdot 2 \cdot 3 \cdot 3 \cdot 3;\ 126 = 2 \cdot 3 \cdot 3 \cdot 7$
$\rightarrow \text{ggT}\,(126, 216) = 2 \cdot 3^2 = 18$

12 **Vater und Sohn gehen nebeneinander. Während der Vater eine Schrittlänge von 70 cm hat, kann sein Sohn nur 40 cm lange Schritte machen. Nach wie vielen Schritten befinden sich ihre Füße wieder auf gleicher Höhe?**

13 **Von zwei 2 m langen Stangen wird die eine in 25 cm lange Stücke und die andere in 20 cm lange Stücke zersägt. Wo gibt es gemeinsame Schnittstellen?**

14 **Der Fußboden eines Zimmers, das 350 cm breit und 490 cm lang ist, soll mit quadratischen Teppichfliesen ausgelegt werden. Es darf kein Rest übrig bleiben! Im Baumarkt gibt es Teppichfliesen mit 30 cm, 35 cm, 40 cm, 45 cm und 50 cm Kantenlänge.**

a) Welche Kantenlänge kommt für das Zimmer infrage?

b) Welche Kantenlänge kommt infrage, wenn das Zimmer 500 cm lang ist?

1.2 Rechnen mit Größen

Rechnen mit Währungen

Für gemischte Geldbeträge – also solche, die die Einheiten Euro und Cent enthalten –, verwendet man die Kommaschreibweise.

Beispiel: 4 € 37 ct → 4,37 €

Für die schriftliche Addition oder Subtraktion mehrerer Geldbeträge in Kommaschreibweise schreibt man diese stellengerecht untereinander und addiert bzw. subtrahiert sie zunächst ohne Komma. Im Ergebnis wird das Komma wieder vor den beiden letzten Stellen eingefügt.

Um einen Geldbetrag mit einer natürlichen Zahl zu multiplizieren oder durch eine solche zu dividieren, kann man entweder

1. den Betrag in Cent umrechnen, damit die Rechnung durchführen und das Ergebnis wieder in gemischter oder Kommaschreibweise angeben; oder
2. nacheinander mit jeder Einheit einzeln rechnen, die Ergebnisse addieren und das Ergebnis wieder in gemischter Schreibweise oder Kommaschreibweise angeben.

Beispiel: Fünfmal 2 € 56 ct ergibt:
1. Möglichkeit: 2 € 56 ct = 200 ct + 56 ct = 256 ct;
5 · 256 ct = 1280 ct = 12 € 80 ct = 12,80 €

2. Möglichkeit: 5 · 2 € + 5 · 56 ct = 10 € + 280 ct = 10 € + 2 € + 80 ct
= 12 € 80 ct = 12,80 €

15 Löse folgende Aufgaben.

a) Welchen Geldbetrag erhält man, wenn man von allen gültigen Euromünzen je eine Münze bekommt?

b) Welchen Betrag muss man zu dem Ergebnis aus a) hinzufügen, um 10 € zu erhalten?

c) Gib zehn verschiedene Möglichkeiten an, um 6,52 € passend zu bezahlen.

16 **Sophie möchte sich ein Fahrrad kaufen, das 326 € kostet. Sie hat 197,23 € gespart und von ihrem Opa bekommt sie 50 € geschenkt. Auch die Patentante gibt ihr 20 €. Leider schuldet Sophie ihrem Bruder noch 31,29 €.**

a) Welcher Betrag fehlt Sophie noch, um das Rad kaufen zu können?

b) Sophie bekommt jede Woche 3 € Taschengeld. Wie lange muss sie sparen, bis sie sich das Fahrrad leisten kann?

17 **Familie Löhr kommt von einem USA-Urlaub zurück. Der Flug hat 1230 € gekostet, das Hotel in Amerika berechnete 1600 US$ und für den Leihwagen mussten 750 US$ bezahlt werden. Zudem hatten sie 1200 US$ eingetauscht. Wie viel Euro hat der gesamte Urlaub gekostet, wenn man für 1 € beim Umtausch 1,30 US$ erhält?**

18 **Herr Schneider kauft im Getränkemarkt ein. Er kauft drei Kästen Mineralwasser mit je 12 Flaschen zu 4,55 € pro Kasten und einen Kasten Saft für 5,98 € mit 6 Flaschen. Für jede Flasche werden 15 ct Pfand berechnet, zudem muss ein Kastenpfand von 1,50 € bezahlt werden. Dafür gibt Herr Schneider aber auch einen kompletten Kasten mit leeren Mineralwasserflaschen und 10 Einzelflaschen zurück. Wie viel Wechselgeld erhält Herr Schneider, wenn er mit einem 100-Euro-Schein bezahlt?**

Rechnen mit Gewichten

Um von einer Gewichtseinheit in die nächstkleinere umzurechnen, multipliziert man mit 1000. Möchte man in die nächstgrößere umrechnen, dividiert man durch 1000.

Beispiel: 1 t = 1000 kg; 1 kg = 1000 g; 1 g = 1000 mg

Werden Gewichte in Kommaschreibweise angegeben, bezieht sich die Einheit auf die Stelle vor dem Komma.

Beispiel: 2,5 kg = 2 kg 500 g = 2500 g

Zum Rechnen mit Gewichten in Kommaschreibweise geht man genauso vor wie beim Rechnen mit Währungen (↑ S. 14).

19 Herr Unger geht einkaufen. Beim Metzger kauft er 760 g Schweinefleisch. Im Supermarkt besorgt er 3 Dosen Ananas mit je 560,8 g, ein Stück Käse zu 282 g sowie 2,78 kg Kartoffeln. Beim Bäcker kauft er noch ein 1,5 kg schweres Brot. Wie schwer ist jetzt sein Einkaufskorb, wenn dieser ohne Inhalt 580 g wiegt?

20 Ein Sack Zement wiegt 50 kg (= 1 Zentner). Wie viele Säcke Zement kann ein Lastwagen transportieren, dessen zulässiges Gesamtgewicht (inklusive Ladung) 18 t beträgt, wenn er leer 5800 kg wiegt?

21 Oma Ursel hat 210 g Schokolade, 4200 g Äpfel und 0,3 kg Kekse, die sie gerecht an ihre drei Enkel Lasse, Lisa und Thore verteilt.

a) Wie viel Gramm Obst und Süßigkeiten bekommt jeder insgesamt?

b) Lisa hat Thore bei den Hausaufgaben geholfen. Dafür gibt Thore ihr die Hälfte seiner Kekse ab. Wie viel Gramm Kekse hat er jetzt noch? Wie viele Süßigkeiten hat Lisa nun insgesamt?

c) Ein Apfel wiegt 100 g. Lasse zählt seine Äpfel und behauptet: „Ich habe 14 Äpfel von Oma Ursel bekommen.“ Hat er richtig gezählt?

Rechnen mit Zeitangaben

Für das Umrechnen von einer Zeiteinheit in eine andere gelten unterschiedliche Umrechnungsfaktoren:

1 min = 60 s; 1 h = 60 min = 3600 s; 1 d = 24 h

Will man mehrere Zeitspannen addieren oder subtrahieren, müssen sie alle in derselben Einheit angegeben sein oder entsprechend umgerechnet werden.

Beispiel: 2 h + 40 s – 20 min = 2 · 3600 s + 40 s – 20 · 60 s
= 7200 s + 40 s – 1200 s = 6040 s = 1 h 40 min 40 s

22 Bearbeite die folgenden Aufgaben.

a) Omas alte Standuhr geht täglich 2 Sekunden nach. Wie lange dauert es, bis sie wieder die richtige Zeit anzeigt, wenn sie nicht gestellt wird?

b) Jens hat auf einem Videoband, mit einer Spieldauer von 240 Minuten, einen Film mit 2 Stunden, 12 Minuten und 45 Sekunden Länge aufgenommen. Wie viele Sendungen seiner Lieblingsserie von jeweils 32 Minuten kann Jens auf diesem Band noch aufnehmen? Was verbleibt als Rest?

c) An der Abendrealschule beginnt der Unterricht um 16.50 Uhr. Eine Unterrichtsstunde dauert 45 Minuten. Zwischen den Stunden ist jeweils eine Pause von 5 Minuten; zwischen der 3. und der 4. Stunde gibt es sogar eine Pause von 20 Minuten. Berechne, wann die 4. Stunde beginnt und wann die 5. Stunde endet.

23 Die Transsibirische Eisenbahn fährt auf der fast 10 000 km langen Strecke von Moskau nach Wladiwostok. Die Bahn fährt am Sonntag um 17.35 Uhr Ortszeit in Wladiwostok ab und erreicht Moskau am darauffolgenden Samstag um 16.44 Uhr Ortszeit. Dabei durchfährt der Zug 7 Zeitzonen, d. h., in Wladiwostok gehen die Uhren gegenüber den Uhren in Moskau um 7 Stunden vor. Wie lange ist der Zug unterwegs? Gib die Zeit in Tagen, Stunden und Minuten an.

1.3 Rechnen mit ganzen Zahlen

Addieren und Subtrahieren ganzer Zahlen

Für das **Addieren** und **Subtrahieren** ganzer Zahlen gelten dieselben Regeln wie für natürliche Zahlen (↑ S. 9).

Da ganze Zahlen positiv oder negativ sein können, muss man folgende **Vorzeichenregeln** zusätzlich beachten:

1. Gleiches Vorzeichen und Rechenzeichen ergibt „+“.
2. Unterschiedliches Vorzeichen und Rechenzeichen ergibt „–“.

Beispiel: $3 + (+8) = 3 + 8$ $\quad 3 - (-8) = 3 + 8$
$3 + (-8) = 3 - 8$ $\quad 3 - (+8) = 3 - 8$

24 Erstelle zu den Textaufgaben zunächst einen Term und berechne anschließend seinen Wert.

a) Das sogenannte „Tal des Todes“ in den USA liegt an seiner tiefsten Stelle etwa 85 m unter NN. Von dort steigt ein Ballon 540 m in die Höhe. In welcher Höhe über NN befindet er sich?

b) Das Konto von Frau Siegel weist ein Guthaben von 932 € auf. Frau Siegel hebt 150 € für Einkäufe ab, überweist eine Arztrechnung in Höhe von 397 € und erhält eine Nebenkosten-Rückzahlung in Höhe von 58 €. Welchen Kontostand hat sie anschließend?

c) Die höchste jemals auf der Erde gemessene Lufttemperatur betrug 54 °C, die tiefste –89 °C. Auf dem Mond sind wegen der fehlenden Atmosphäre Temperaturen von –153 °C bis +118 °C möglich. Berechne für Erde und Mond den maximal möglichen Temperaturunterschied.

25 Erstelle zu den folgenden Zahlenrätseln zunächst einen Rechenausdruck und berechne ihn anschließend.

a) Welche Zahl ist um 67 größer als (–32)?

b) Welche Zahl ist um 218 größer als ihre Gegenzahl?

c) Von welcher Zahl muss man (–24) subtrahieren, um 56 zu erhalten?

d) Zu welcher Zahl muss man (–77) addieren, um (–99) zu erhalten?

e) Für welche Zahl ergibt die Differenz aus Zahl und Gegenzahl 184?

26 Löse folgende Aufgaben.

a) Uli hat auf seinem Sparkonto ein Guthaben von 37 €, Christoph liest auf seinem Kontoauszug: +45 €. Wer von beiden hat mehr Geld auf seinem Konto?

b) Auf Ingos Kontoauszug steht: –20 €. Beschreibe, wie es auf dem Konto aussieht!

c) Monika hat 12 € mehr Schulden als Ingo. Wie hoch ist ihr Kontostand?

d) Welchen Betrag müsste Ingo einzahlen, damit er keine Schulden mehr hat?

e) Welchen Betrag müsste Ingo einzahlen, damit er genauso viel auf dem Konto hat wie Christoph?

Multiplizieren und Dividieren ganzer Zahlen

Für das **Multiplizieren** und **Dividieren** ganzer Zahlen gelten dieselben Regeln wie für natürliche Zahlen (↑ S. 10).

Da ganze Zahlen positiv oder negativ sein können, muss man folgende **Vorzeichenregeln** zusätzlich beachten:

1. Haben alle Faktoren bzw. Dividend und Divisor dasselbe Vorzeichen, ist das Ergebnis positiv, z. B.:

   $(+3) \cdot (+8) = +24$ $(-3) \cdot (-8) = +24$ $(-8) : (-2) = +4$ $(+8) : (+2) = +4$

2. Haben beide Faktoren bzw. Dividend und Divisor ungleiche Vorzeichen, ist das Ergebnis negativ, z. B.:

   $(+3) \cdot (-8) = -24$ $(-3) \cdot (+8) = -24$ $(-8) : (+2) = -4$ $(+8) : (-2) = -4$

27 Erstelle zunächst einen Rechenausdruck (Term) und berechne anschließend seinen Wert.

a) Multipliziere die Summe von (–14) und (–5) mit (–8).
b) Addiere 79 zum Quotienten aus 56 und (–7).
c) Dividiere die Differenz aus (–68) und (+47) durch (–5).
d) Addiere das Produkt der Zahlen (–7) und (–21) zu ihrer Summe.
e) Subtrahiere 39 vom Quotienten aus (–120) und (–6).
f) Dividiere das Produkt aus (–25) und 17 durch die Summe aus 6 und (–11).
g) Addiere zum Produkt aus 36 und (–12) den Quotienten dieser Zahlen.

28 Herr Schmitt ist Fahrradhändler. Er hat letzten Monat 156 Fahrräder verkauft und dabei insgesamt 40 410 € eingenommen. Unter den verkauften Rädern waren 37 Trekkingräder zu je 326 € und 64 Cityräder zu je 294 €. An einem besonders guten Tag hat er außerdem 3 teure Mountainbikes zu je 612 € verkauft. Die übrigen Fahrräder waren Kinderräder. Wie viel kostet ein Kinderrad?

Terme und Gleichungen mit ganzen Zahlen

Mit **Äquivalenzumformungen** formt man eine Gleichung um, ohne die Lösungsmenge zu verändern. Mit ihrer Hilfe kann die Gleichung **nach x aufgelöst** werden.

- beidseitige Addition (Subtraktion) der gleichen Zahl (des gleichen Terms)
- beidseitige Multiplikation mit einer von 0 verschiedenen Zahl
- beidseitige Division durch eine von 0 verschiedene Zahl

Beispiel:

$$
\begin{aligned}
1 - x &= x + 5 && \mid +x \\
1 - x + x &= x + x + 5 && \mid \text{zusammenfassen} \\
1 &= 2x + 5 && \mid -5 \\
1 - 5 &= 2x + 5 - 5 && \mid \text{zusammenfassen} \\
-4 &= 2x && \mid :2 \\
-2 &= x \\
L &= \{-2\}
\end{aligned}
$$

29 Auf dem Bild siehst du eine Waage, in deren Waagschalen große und kleine Dosen gestapelt sind. Eine kleine Dose wiegt 100 g.

a) Bestimme durch geschicktes Wegstreichen das Gewicht einer großen Dose.

b) Stelle nun eine passende Gleichung auf, mit der du das Gewicht einer großen Dose berechnen kannst.

c) Bestimme (durch Äquivalenzumformungen) die Lösung der Gleichung und führe eine Probe durch.

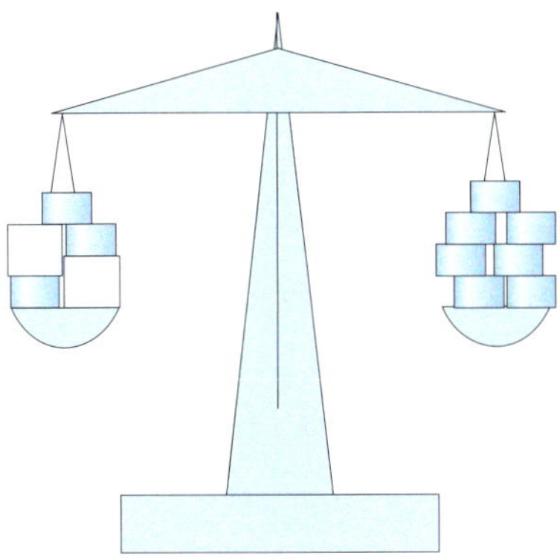

30 Eine Firma stellt Leuchtbuchstaben her.

a) Wie viele Leuchtstäbe s werden zur Herstellung des gezeigten Buchstabens L benötigt?

b) Schreibe – wie gezeigt – an den Buchstaben, wie viele Leuchtstäbe pro Seite benötigt werden.

c) Gib als Term mit der Variablen s an, wie viele Leuchtstäbe insgesamt benötigt werden – nutze die Ergebnisse aus b)!

d) Welchen Umfang hat ein solcher Buchstabe, wenn ein Leuchtstab 10 cm (20 cm, 14 cm) lang ist?

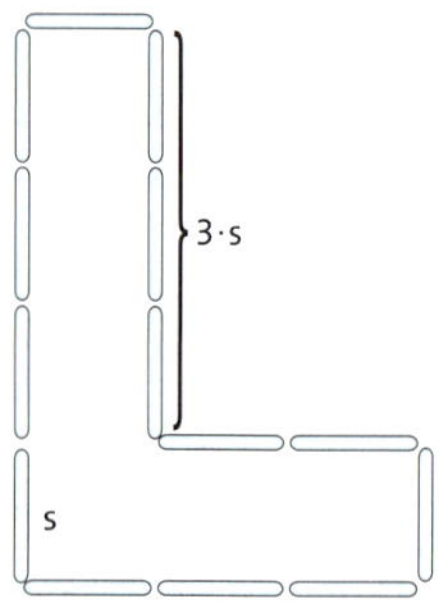

31 Dieselbe Firma wie in Übung 30 soll nun den gezeigten Buchstaben T anfertigen. Die Länge der Leuchtstäbe steht noch nicht fest, es ist lediglich bekannt, dass der Querbalken 10 cm dick sein muss (siehe Skizze).

a) Welchen Umfang hat der Buchstabe, wenn s = 10 cm (20 cm) ist?

b) Gib einen Term mit der Variablen s an, mit dem man für verschiedene Längen von s den Umfang schnell berechnen kann.

c) Berechne mit dem Term aus b) den Umfang für s = 14 cm.

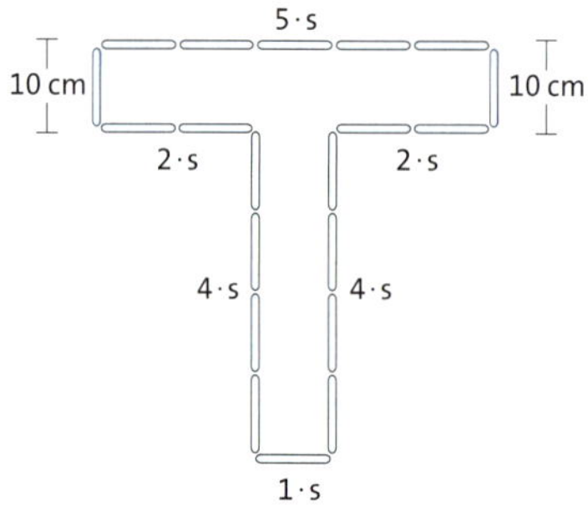

1.4 Rechnen mit rationalen Zahlen

Addieren und Subtrahieren von Brüchen

Um Brüche addieren oder subtrahieren zu können, müssen sie denselben Nenner haben – man muss sie also zunächst **gleichnamig** machen. Dann werden die Zähler addiert (bzw. subtrahiert) und der gemeinsame Nenner wird beibehalten.

Beispiel: $\frac{2}{3} + \frac{5}{4} = \frac{2 \cdot 4}{3 \cdot 4} + \frac{5 \cdot 3}{4 \cdot 3} = \frac{8}{12} + \frac{15}{12} = \frac{23}{12}$

32 **Die Schüler der Klasse 5b kommen von unterschiedlichen Grundschulen. $\frac{1}{4}$ der Klasse besuchte die Ketteler-Schule, $\frac{3}{8}$ gingen zur Eichendorff-Schule und $\frac{1}{6}$ war zuvor auf der Marienschule. Die restlichen Schüler besuchten andere Grundschulen. Wie groß ist ihr Anteil?**

33 **Für den Kindergeburtstag hat Frau Neumann rote, grüne und gelbe Luftballons eingekauft. Die Hälfte der Ballons ist rot, $\frac{3}{8}$ der Ballons sind grün. Außerdem hat Frau Neumann 4 gelbe Ballons eingekauft. Wie viele Ballons sind es insgesamt?**

34 **Tim gibt $\frac{2}{3}$ seines Taschengeldes für einen neuen Fußball aus. Ein Viertel des Taschengeldes kostet der anschließende Kinobesuch. Jetzt bleiben ihm noch 2 €. Wie viel Taschengeld hat er bekommen?**

35 **Jasmin mixt Milchshakes für ihre Sommerparty.**

a) Zu $\frac{6}{8}$ Liter Erdbeersaft mischt sie $\frac{9}{4}$ Liter Milch. Wie viel Liter Milchshake ergibt das insgesamt?

b) Wie viel Erdbeersaft und wie viel Milch müsste sie zusammenmixen, um 4 Liter Milchshake vom selben Mischungsverhältnis wie in a) zu bekommen?

Multiplizieren und Dividieren von Brüchen

Zwei Brüche werden **multipliziert,** indem man die beiden Zähler und die beiden Nenner jeweils miteinander multipliziert.

Beispiel: $\frac{4}{3} \cdot \frac{4}{7} = \frac{4 \cdot 4}{3 \cdot 7} = \frac{16}{21}$

Ein Bruch wird durch einen zweiten Bruch **dividiert,** indem man ihn mit dessen **Kehrwert** multipliziert.

Beispiel: $\frac{2}{5} : \frac{4}{3} = \frac{2}{5} \cdot \frac{3}{4} = \frac{2 \cdot 3}{5 \cdot 4} = \frac{6}{20}$

36 Sieben Zehntel der Erdoberfläche sind mit Wasser bedeckt. Etwa die Hälfte davon nimmt der Pazifik ein. Wie groß ist sein Anteil an der gesamten Erdoberfläche?

37 Schreibe die Anteile als Produkt und berechne sie. Gib beim Ergebnis die Einheit mit an. Wie viel ist …

a) die Hälfte von einem halben Kilogramm?

b) ein Viertel von einem Zehntelliter?

c) ein Drittel von drei Vierteln einer Pizza?

d) zwei Drittel von einer Dreiviertelstunde?

38 Wie viel Quadratmeter hat eine $4\frac{1}{2}$ m lange und $3\frac{1}{2}$ m breite Rasenfläche?

39 In einem alten Druidenbuch findet sich der folgende Text. Stelle für die angegebene Menge einen Rechenausdruck auf und berechne den gesuchten Bruchteil.

„Damit der Trank auch wirkt, musst du die rechte Menge an Katzentränen wohl bestimmen. Nimm hierzu ein Viertel von einer halben Träne. Füge ihr ein Drittel einer drittel Träne hinzu. Verdopple anschließend die Menge und gib all dies dem Trank hinzu …“

Rechnen mit Dezimalzahlen

Will man Dezimalzahlen schriftlich **addieren** oder **subtrahieren,** schreibt man sie stellenweise untereinander, sodass Komma unter Komma steht. Dann wird wie gewohnt von rechts beginnend stellenweise addiert bzw. subtrahiert. Auch das Komma im Ergebnis steht unter den anderen.

Beispiel:

$$\begin{array}{r} 0{,}133 \\ +\ 4{,}368 \\ {\scriptstyle 1\,1} \\ \hline 4{,}501 \end{array}$$

Beim schriftlichen **Multiplizieren** von Dezimalzahlen rechnet man zunächst ohne Komma. Das Ergebnis erhält dann so viele Dezimalen wie beide Faktoren zusammen.

Beispiel: $4{,}73 \cdot 3{,}8 \rightarrow$ Rechnen ohne Komma: $473 \cdot 38 = 17\,974$;
2,23 und 3,8 haben insgesamt 3 Dezimalen, also ist $4{,}73 \cdot 3{,}8 = 17{,}974$.

Dividiert man eine Dezimalzahl schriftlich durch eine andere, wird in beiden Zahlen das Komma so weit um dieselbe Anzahl von Stellen nach rechts verschoben, bis der Divisor eine natürliche Zahl ist. Dann wird wie gewohnt schriftlich dividiert.

Beispiel: $2{,}163 : 0{,}07 = 216{,}3 : 7$

40 Peter führt eine Woche lang Buch über seine Einnahmen und seine Ausgaben. Ist er reicher oder ärmer geworden? Zu Wochenbeginn hatte er 10,50 €. Wie viel Geld hat er am Ende der Woche?

Einnahmen	Ausgaben
5,00 € Taschengeld 1,50 € abgegebene Pfandflaschen 5,20 € Annas Schulden-rückzahlung	2,30 € Computerzeitschrift 3,75 € Süßigkeiten vom Bäcker 2,99 € Geschenk für Salih 1,79 € Schlüsselanhänger

41 Welche Zahl muss man vom Produkt der Zahlen 2,25 und 4,5 subtrahieren, um das Produkt aus 2,53 und 4 zu erhalten?

42 Ein Verein hat für ein Grillfest 400 € ausgegeben. Teilgenommen haben 10 Mitglieder und 10 Nichtmitglieder. Die Kosten sollen so aufgeteilt werden, dass Nichtmitglieder in etwa doppelt so viel zahlen wie Mitglieder.
Mache einen Vorschlag, wie viel man von den jeweiligen Gästen verlangen soll, sodass die Kosten exakt wieder eingenommen werden.

43 Zwei Hobbygärtner streiten sich darum, wer das größere Grundstück hat. Das von Herrn Rose ist quadratisch. Jede Seite ist 22,5 m lang. Herrn Schlauchs Grundstück ist rechteckig. Es ist 13,5 m breit und 37 m lang.
Wer von beiden hat das größere Grundstück? Um wie viele Quadratmeter unterscheiden sich die beiden Grundstücke?

Terme und Gleichungen mit rationalen Zahlen

Terme und Gleichungen mit rationalen Zahlen berechnest du ebenfalls mit Äquivalenzumformungen (↑ S. 21).
Bei Textaufgaben musst du den Text in eine Gleichung übersetzen und dir überlegen, welche Größe die gesuchte Variable ist.

44 Ein Markthändler kauft bei einem Bauern 600 Eier zum Preis von 8 ct pro Ei. Er muss 12 € Standgebühr bezahlen. Welchen Preis muss er pro Ei verlangen, um …

a) seine Ausgaben ohne Gewinn zu decken?

b) einen Gewinn von 12 € zu erwirtschaften?

c) Beim Auspacken merkt er, dass während des Transports 120 Eier zerbrochen sind. Wie muss er den Preis nun ansetzen, um 12 € Gewinn zu machen?

45 Stelle eine Gleichung auf und bestimme die gesuchte Zahl.

a) Das Dreifache der gesuchten Zahl ergibt 54,3.

b) Das Doppelte einer Zahl ist –112,54.

c) Das Fünffache einer Zahl vermindert um 7,5 ergibt 7,5.

d) Wenn man 11,53 von dem Quadrat einer Zahl subtrahiert, erhält man 157,47.

e) Wenn man 1 zu einem Drittel der gesuchten Zahl addiert, erhält man –110.

f) Wenn man von der gesuchten Zahl $\frac{1}{7}$ subtrahiert, erhält man das Gleiche, als würde man 1 zur Hälfte der Zahl addieren.

46 Albert und Bodo haben gemeinsam 900 € im Lotto gewonnen. 150 € wollen sie spenden und den Rest aufteilen, sodass Albert doppelt so viel bekommt wie Bodo. Wie viel Euro bekommt Albert, wie viel Bodo?

47 Felix spielt Fußball. Er schoss in der letzten Saison doppelt so viele Tore wie seine Freundin Emma. Benedikt schoss 4 Tore weniger als Emma. Alle drei zusammen schossen 36 Tore. Wie viele Tore erzielte jeder von ihnen?

a) Lies dir die Aufgabenstellung sorgfältig durch. Welche Informationen brauchst du zur Beantwortung der Frage?
b) Notiere die wichtigen Informationen oder markiere sie im Text.
c) Übersetze den Sachverhalt in die Sprache der Mathematik – wie viele Variablen brauchst du?
d) Lege die Bedeutung der Variablen fest und stelle Terme auf.
e) Stelle die passende Gleichung auf.
f) Löse die Gleichung durch Äquivalenzumformungen.
g) Übersetze dein Ergebnis zurück in die Alltagssprache.
h) Beantworte die gestellte Frage.

48 Christina hat Geburtstag und hat sich Geld gewünscht.

a) Von ihrer Oma bekommt sie 50 € geschenkt, von ihrer Tante halb so viel und ihr kleiner Bruder schenkt ihr noch 75 ct. Nun hat sie ein Viertel des Geldes, das sie benötigt, um sich ihr gewünschtes Fahrrad zu kaufen. Wie viel kostet das Fahrrad?
b) Im nächsten Jahr bekommt sie wieder von ihrer Tante halb so viel Geld wie von ihrer Oma. Damit hat sie ein Drittel des Geldes, das sie für ihren Reitkurs benötigt, der 270,99 € kostet. Stelle eine Gleichung auf, mit deren Hilfe man berechnen kann, wie viel Geld sie jeweils von ihrer Oma und von ihrer Tante bekommen hat.

49 Übertrage jede der Aussagen zunächst in einen Term und berechne ihn anschließend. Nutze Rechenvorteile!

a) Subtrahiere 3 von 40 und multipliziere diese Differenz mit –12.
b) Multipliziere die Summe von $\frac{4}{5}$ und $\frac{7}{2}$ mit –30.
c) Dividiere die Summe von 1,8 und –100 durch –2.
d) Addiere die Zahl 3 zu ihrem Kehrwert und multipliziere die Summe mit der Gegenzahl von 3.

6.–7. KLASSE

50 Die unten abgebildete Wippe befindet sich durch die kleinen und großen Vögel im Gleichgewicht. (Die kleinen Vögel wiegen alle gleich viel und die großen Vögel wiegen ebenfalls alle gleich viel.)

a) Bestimme durch geschicktes Wegstreichen das Gewicht eines kleinen Vogels im Vergleich zu dem eines großen Vogels. (Tipp: Du musst auf beiden Seiten gleich viel wegnehmen, damit die Waage im Gleichgewicht bleibt!)

b) Wie schwer ist ein kleiner Vogel, wenn ein großer Vogel 270 g wiegt?

c) Nun die umgekehrte Fragestellung: Welches Gewicht hätte ein großer Vogel, wenn ein kleiner Vogel 150 g wiegen würde?

51 Emilie surft gerne im Internet. Sie hat einen Vertrag abgeschlossen, bei dem zu einer monatlichen Grundgebühr in Höhe von 5,50 € Verbindungskosten in Höhe von 6 ct pro Minute kommen.

a) Wie viel muss Emilie zahlen, wenn sie 4 Stunden und 44 Minuten im Internet war?

b) Im folgenden Monat zahlt sie 31,25 €. Wie lange war sie im Internet?

c) Ihr Freund Timo hat einen Vertrag, bei dem er pauschal 35 € im Monat zahlt – egal, wie lange er im Internet ist. Im ersten Monat waren es 6 Stunden und 40 Minuten, im zweiten Monat 4 Stunden und 30 Minuten. Lohnt sich dieser Vertrag oder wäre Emilies Vertrag besser geeignet?

1.5 Gleichungen mit rationalen und reellen Zahlen

Lineare Gleichungen

Gleichungen der Form $m \cdot x + c = b$ heißen **lineare Gleichungen.** Eine lineare Gleichung kann rechnerisch mithilfe von Äquivalenzumformungen (↑ S. 21) gelöst werden.

52 **Sybille, Andrea und Julia sind zusammen 74 Jahre alt. Sybille ist 4 Jahre älter als Andrea. Andrea ist doppelt so alt wie Julia. Kannst du das genaue Alter der drei Frauen berechnen?**

53 **Eine Ausstellung wurde an zwei Tagen von 10 320 Personen besucht. Am zweiten Tag kamen 984 Besucher weniger als am ersten Tag. Wie viele Personen kamen am ersten, wie viele am zweiten Tag?**

54 **Bäckerin Bäckle backt das beste „Spezial-Bäckle-Brot" der Region. Wenn sie den Teig dafür anrührt, nimmt sie 50 kg Mehl und zwar eine Mischung aus Weizen und Roggen. Sie nimmt immer 15 kg mehr Weizen- als Roggenmehl. Wie viel Kilogramm von jeder Mehlsorte befinden sich in der Backmischung?**

55 **Die 840 Schülerinnen und Schüler der Integrierten Gesamtschule „Kinderfroh" kommen aus drei verschiedenen Orten, aus Ostern, aus Western und aus Nordern. Es kommen 90 Kinder weniger aus Ostern als aus Nordern. Aus Western dagegen kommen 66 Kinder mehr als aus Nordern. Wie viele Kinder kommen aus jedem der drei Orte?**

56 **Das 6-Fache der Summe aus dem 9-Fachen der Zahl und 1 ist genau so groß wie die Differenz aus dem 12-Fachen der Zahl und 3, wenn man diese mit 4 multipliziert.**

57 **Das 18-Fache einer Zahl vermehrt um das 5-Fache der um 1 vergrößerten Zahl ergibt 97.**

58 **Ein Grundstück wird durch eine Erbangelegenheit auf drei Familien aufgeteilt. Familie Herrlich soll ein Drittel der Fläche erhalten, Familie Zänkig soll ein Achtel der Fläche erhalten und Familie Ehrlich stehen laut Testament 780 m² zu.**

a) Wie groß ist das Grundstück?

b) Wie viele Quadratmeter erhalten die Herrlichs und wie viele die Zänkigs?

59 **Bei einem Fernsehverleih gibt es zwei Angebote:**
Angebot A: Einmalige Zahlung von 60 € und eine Leihgebühr von 10,50 € pro Tag.
Angebot B: Keine einmalige Zahlung, dafür aber eine Leihgebühr von 12,50 € pro Tag.

a) Wann kosten die beiden Angebote gleich viel?

b) Wann würdest du welches Angebot empfehlen?

60 **Die Summe zweier natürlicher Zahlen beträgt 120. Wie lauten die Zahlen, wenn …**

a) die eine Zahl doppelt so groß ist wie die andere?

b) die eine Zahl 5-mal so groß ist wie die andere?

c) die eine Zahl ein Drittel der anderen Zahl ist?

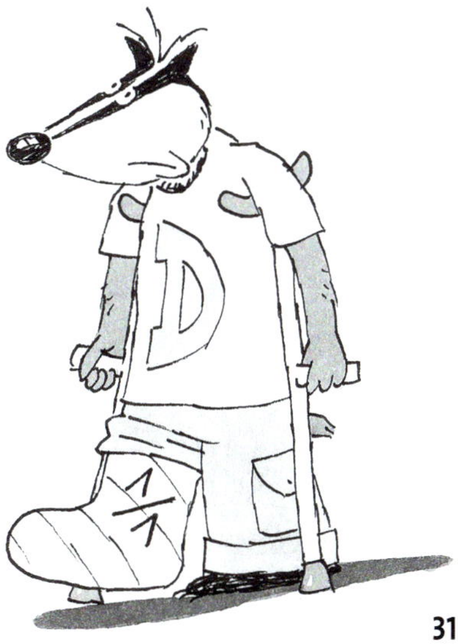

Lineare Gleichungssysteme

Zwei lineare Gleichungen mit zwei Variablen nennt man ein **lineares Gleichungssystem (LGS).** Die gemeinsamen Lösungen der Gleichungen sind die Lösungen des LGS. Zur Lösung von LGS gibt es drei Verfahren:

1. Sind beide Gleichungen in der Form y = ... gegeben, wählt man das **Gleichsetzungsverfahren,** z. B.

   (I) $y = 3x - 6$; (II) $y = 4x + 7$: (I) und (II) gleich setzen → $3x - 6 = 4x + 7$; auflösen nach x → $x = -13$; einsetzen von x in (I) oder (II) → $y = -45$

2. Ist eine Gleichung bereits nach x oder y aufgelöst, wählt man das **Einsetzungsverfahren,** z. B.

   (I) $y = 3x + 8$, (II) $x + y = 12$: einsetzen von (I) in (II) → $x + (3x + 8) = 12$; auflösen nach x → $x = 1$; einsetzen von x in (I) oder (II) → $y = 11$

3. Das **Additionsverfahren** ist für alle LGS durchführbar: Jede Gleichung wird einzeln so umgeformt, dass ein Koeffizient der ersten Gleichung und der entsprechende Koeffizient der zweiten Gleichung Gegenzahlen sind:

   (I) $4x - 4y = 28$; (II) $-2x - 3y = -4$: multiplizieren von (II) mit 2
   → (I) $4x - 4y = 28$; (II) $-4x - 6y = -8$;

   Addieren der beiden Gleichungen liefert eine dritte Gleichung mit nur einer Variablen (im Beispiel: y):

   $$\begin{array}{lrl} \text{(I)} & 4x - 4y & = 28 \\ \text{(II)} & -4x - 6y & = -8 \\ \hline \text{(III)} & -10y & = 20 \end{array} \quad]+$$

   Nach dieser Variablen auflösen → $y = -2$; einsetzen in (I) oder (II) → $x = 5$

61 Die Klasse 8d besucht das Technikmuseum. Die Museumspädagogin erklärt die Arbeitsweise von zwei ineinandergreifenden Zahnrädern eines Getriebes. Die Radien der Zahnräder sind zusammen 108 cm groß. Der Radius des größeren Zahnrades ist 8-mal so groß wie der Radius des kleineren Zahnrades. Wie groß sind die Radien der beiden Zahnräder?

62 **Das Hotel „Fünf Jahreszeiten“ hat insgesamt 76 Zimmer. Es gibt Einzel- und Doppelzimmer. Zusammen stehen in den Zimmern 124 Betten. Wie viele Einzel- und wie viele Doppelzimmer gibt es?**

63 **Michelle und Jacqueline kaufen ihrer Mutter Blumen zum Geburtstag. Michelle kauft einen Strauß aus drei Rosen und zwei Lilien und bezahlt 9,50 €. Jacquelines Strauß besteht aus zwei Rosen und drei Lilien. Sie bezahlt 10,50 €.**

a) Stelle zwei Gleichungen auf und berechne den Einzelpreis für eine Rose bzw. für eine Lilie.

b) Ihr Vater weiß nicht, dass seine Kinder Blumen gekauft haben und möchte seiner Frau einen Strauß mit zehn Rosen und vier Lilien schenken. Wie viel Geld muss er bezahlen?

64 **Die Differenz aus dem 2-Fachen der ersten Zahl und dem 3-Fachen der zweiten Zahl ergibt 23. Die Summe aus dem 2-Fachen der ersten Zahl und dem Doppelten der zweiten Zahl ergibt 13. Wie heißen die beiden gesuchten Zahlen, die diese Bedingungen erfüllen?**

65 **Im Kino kosten zwei Portionen Popcorn und drei Becher Cola zusammen 11 €. Eine Portion Popcorn und zwei Becher Cola kosten insgesamt 6,50 €. Wie viel kostet jeweils eine Portion Popcorn bzw. ein Becher Cola?**

66 **Bauer Schneider stellt der Schulklasse, die den Bauernhof besichtigt, ein Rätsel. Er sagt: „Ich habe in den zwei Freigehegen, die ihr dort seht, Gänse und Ziegen. Es sind zusammen 45 Tiere mit 118 Beinen. Wer kann herausfinden, wie viele Gänse und wie viele Ziegen dort weiden, ohne nachzuzählen?“**

67 Luca ist ein großer Kinofan. Da er in den Sommerferien nicht verreist war, besuchte er möglichst oft seine beiden Lieblingskinos. Er besuchte das Eurostar viermal so oft wie das Metro. Im Eurostar kostet eine Karte 6,80 €, im Metro 7,50 €. Dank eines Zuschusses vom Großvater konnte er es sich leisten, in den Ferien 104,10 € für 15 Filme auszugeben. Wie oft besuchte er das Eurostar und wie oft das Metro?

68 Michi und Katja wohnen zusammen in einer Zweizimmerwohnung. Um ihren Haushalt zu finanzieren, kellnern beide in einer Kneipe. Michi bekommt 6,50 € und Katja 7,50 € für eine Stunde. Letzten Donnerstag teilten sie sich eine 13,5-Stunden-Schicht. Der Wirt Kalle zahlte daraufhin den beiden zusammen 93,25 €. Wie viel bekommt davon Michi, wie viel Katja?

69 Emma mag nur Milch mit wenig Fett. Vollmilch (3,5 % Fett) ist ihr zu fett, Magermilch (0,3 % Fett) hingegen zu fade. Um eine wohlschmeckende Milch zu bekommen, d. h., eine Milch mit einem Fettgehalt von 1 %, mischt sie die beiden Milchsorten. Wie viel von jeder Sorte schüttet sie in ihr 0,2-l-Glas, um ein volles Glas leckerer Milch zu erhalten?

Potenzen und Quadratwurzeln

Eine Multiplikation gleicher Faktoren kann als **Potenz** geschrieben werden:
$a \cdot a \cdot a \cdot \ldots \cdot a = a^n$. Dabei heißt a die **Basis** und n der **Exponent.**

Ist die Basis positiv, ist auch jede Potenz positiv; ist die Basis negativ, so ist jede Potenz mit geradem Exponenten positiv und jede Potenz mit ungeradem Exponenten negativ.

Die **Quadratwurzel** $\sqrt{a}$ einer positiven Zahl a ist diejenige Zahl, die mit sich selbst multipliziert a ergibt: $\sqrt{a} \cdot \sqrt{a} = (\sqrt{a})^2 = a$.

70 **Welches Volumen hat ein Würfel mit der Kantenlänge 5 cm?**

71 **Wie lang ist eine Seite eines Quadrates mit 225 m^2 Flächeninhalt?**

72 **Ein Rechteck hat die Seitenlängen 2 cm und 8 cm. Gib die Seitenlänge eines Quadrates mit demselben Flächeninhalt an.**

73 **Ein Papierbogen wird mehrmals nacheinander gefaltet. Wie viele Papierschichten liegen nach dem fünften (zehnten) Falten übereinander?**

74 **Ein schmales rechteckiges Gartenstück hat die Seitenlängen 2,5 m und 8,1 m. Berechne die Seitenlängen eines quadratischen Gartenstücks, das den gleichen Flächeninhalt hat.**

Quadratische Gleichungen und Ungleichungen

Quadratische Gleichungen in der Normalform lassen sich mithilfe der **p-q-Formel** lösen. Die Lösungen x_1 und x_2 sind dann:

$$f(x) = x^2 + px + q;\ x_1 = -\frac{p}{2} + \sqrt{\left(\frac{p}{2}\right)^2 - q};\ x_2 = -\frac{p}{2} - \sqrt{\left(\frac{p}{2}\right)^2 - q}$$

Um eine **quadratische Ungleichung** zu lösen, löst man zunächst die zugehörige quadratische Gleichung.
Hat die quadratische Gleichung ...

1. zwei Lösungen x_1 und x_2 mit $x_1 < x_2$, gilt:
   $L = \{x \in \mathbb{R} \mid x_1 \le x \le x_2\}$ bzw. $L = \{x \in \mathbb{R} \mid x \le x_1 \text{ oder } x \ge x_2\}$
2. eine Lösung, dann gilt: $L = x_1$ bzw. $L = \mathbb{R}$ oder $L = \mathbb{R} \setminus \{x_1\}$
3. keine Lösung, dann gilt: $L = \{\,\}$ bzw. $L = \mathbb{R}$

75 Bestimme die gesuchten Zahlen.

a) Die Summe der Quadrate zweier aufeinanderfolgender natürlicher Zahlen ist 313.

b) Das Produkt einer Zahl und der um 28 verminderten Zahl ist −75.

c) Die Differenz des Quadrates einer Zahl und der um 13 verminderten Zahl ist 145.

76 Hannes hatte bislang ein Gartengrundstück, das dreimal so lang war wie breit. In diesem Jahr hat er weniger Zeit für seinen Garten und verpachtet ein Stück an seinen Nachbarn. Das verpachtete Stück ist genauso breit wie Hannes' alter Garten, aber 18 m kürzer. Die Fläche, die Hannes nach der Verkleinerung noch übrig behält, beträgt 1560 m². Wie breit sind die Grundstücke?

77 Mithilfe eines 12 m langen Maschendrahtes soll an einer Wand ein rechteckiges (nicht quadratisches) Hühnergehege eingezäunt werden. Der Stall soll eine Fläche von mindestens 16 m² haben. Wie breit kann der Hühnerstall werden?

Wachstums- und Abklingvorgänge

Bei einem **exponentiellen Wachstum** ist der Zuwachs einer Größe jeweils nach Verstreichen derselben Zeiteinheit das a-Fache des vorherigen Bestandes (a ist eine feste Zahl). Nach t ($t \in \mathbb{N}$) Zeiteinheiten gilt für den Bestand: $f(t) = a^t \cdot f(0)$ (a heißt Wachstumsfaktor; bei Zerfallsprozessen ist $0 < a < 1$).

Beispiel: Wenn eine Bakterienkultur sich innerhalb einer Stunde vervierfacht, sind aus einer Bakterie nach vier Stunden bereits 256 Bakterien geworden:
$a = 4; f(0) = 1; t = 4 \rightarrow f(4\ h) = 4^4 \cdot 1 = 256.$

78 In der Medizin benutzt man zur Behandlung von Schilddrüsenkrebs radioaktives Jod, das exponentiell zerfällt. Von 1 mg sind nach einer Stunde nur noch 0,75 mg im menschlichen Körper vorhanden.

a) Wie viel radioaktives Jod befindet sich nach zwei bzw. fünf Stunden noch im Körper?

b) Gib die Wachstumsgleichung an.

79 Felix vereinbart mit seinem Vater, dass er am Ersten jedes Monats 1 Cent, am Zweiten 2 Cent, am Dritten 4 Cent, am Vierten 8 Cent, am Fünften 16 Cent, am Sechsten 32 Cent usw. Taschengeld bekommt. Ausgezahlt wird täglich.

a) Schätze, wie viel Taschengeld Felix nach 10 Tagen bekommen hat.

b) Rechne aus, wie viel Geld am 11. Tag hinzukommt.

c) Gib die Wachstumsgleichung an.

d) Rechne aus, wie viel Taschengeld Felix am 30. Tag bekommt.

80 **Um gute Unterwasseraufnahmen machen zu können, überprüft Frank, welche Helligkeit in verschiedenen Tiefen herrscht. Seine Messungen ergeben Folgendes: Mit jedem Meter, den er weiter nach unten taucht, nimmt die Helligkeit um 6 % ab.**

a) Vervollständige folgende Tabelle:

Tauchtiefe in m	0	1	2	3	5	10
Helligkeit in LUX	50 000					

b) Wie hell ist es in 20 m Tiefe?

81 **Unter idealen Bedingungen wächst die Braunalge wöchentlich um 40 %. Zu Beginn der Beobachtung ist sie 0,75 cm groß. Das Wasser ist an dieser Stelle 30 cm tief. In wie vielen Wochen …**

a) hat die Braunalge ihre Länge verdoppelt?

b) hat sie ihre Länge verdreifacht?

c) ist die Braunalge an die Oberfläche gelangt?

82 **In einer Thermoskanne befindet sich Tee mit einer Temperatur von 92 °C. Stündlich nimmt die Temperatur des Getränks um ca. 4 % ab.**

a) Welche Temperatur hat der Tee nach 4 Stunden?

b) Wann sinkt die Temperatur unter 60 °C?

83 **Patienten bekommen bei Untersuchungen der Schilddrüse radioaktives Jod verabreicht. Die Verbreitung des Jodes im Körper kann mithilfe von Strahlenmessgeräten verfolgt werden. Das hierfür verwendete Jod hat eine Halbwertszeit von ca. 8 Tagen.**

a) Wie viel Prozent der ihm verabreichten Menge an radioaktiven Jodatomen hat der Patient sechs Wochen nach einer solchen Untersuchung noch im Körper?

b) Wann sinkt der Wert unter 5 %?

2 Zuordnungen und Funktionen

2.1 Zuordnungen

Direkt proportionale und indirekt proportionale Zuordnungen

Bei einer **direkt proportionalen Zuordnung** wird das Doppelte (Dreifache, Vierfache, ...) der ersten Größe x dem Doppelten (Dreifachen, Vierfachen, ...) der zweiten Größe y zugeordnet: $y = m \cdot x$.
Du kannst dir als Merksatz einprägen: „Je mehr, desto mehr".

Beispiel: Wenn ein Ticket 3 € kostet, kosten zwei Tickets 3 € · 2 = 6 €, drei Tickets kosten 3 € · 3 = 9 €, usw.
x entspricht hier der Anzahl der Tickets, y dem Gesamtpreis und m dem Einzelpreis von 3 €.

Bei einer **indirekt proportionalen** Zuordnung wird dem Doppelten (Dreifachen, Vierfachen, ...) der ersten Größe x die Hälfte (ein Drittel, ein Viertel, ...) der zweiten Größe y zugeordnet: $y = \frac{k}{x}$ (mit $x \neq 0$).
Als Merksatz kannst du dir einprägen: „Je mehr, desto weniger".

Beispiel: Wenn ein Gruppenticket 24 € kostet, aber von nur einer Person genutzt wird, zahlt sie 24 €. Reisen sie zu zweit, zahlt jeder 24 € : 2 = 12 €; drei Personen zahlen jede 24 € : 3 = 8 €, usw.
x entspricht hier der Anzahl der Mitfahrer, y dem Preis pro Person und k dem Ticketpreis von 24 €.

1 **Herr Schrödinger fährt für eine Woche in Urlaub. Freundlicherweise hat sich sein Nachbar Herr Dirac bereit erklärt, Schrödingers Katze zu füttern. Schrödinger weiß, dass seine Katze an zwei Tagen drei Dosen Katzenfutter frisst. Wie viele Dosen müssen vorhanden sein, damit Schrödingers Katze optimal versorgt ist?**

2 **Monika muss mit ihrem Mofa zum Tanken fahren. Für 6,60 € hat sie letztes Mal 6 Liter bekommen. Jetzt kostet ein Liter Benzin 1,15 €. Wie viel muss sie nun für 6 Liter bezahlen?**

3 **Entscheide jeweils, ob es sich um eine direkt proportionale Zuordnung (D) oder um eine indirekt proportionale Zuordnung (I) handelt. Kreuze an.**

a) Isabell will für ihre Party Luftballons kaufen. 50 Stück kosten 2,50 €; sie benötigt insgesamt 150. Wie viel muss sie bezahlen? D I

b) Daniel muss sein Mofa auftanken. 3 Liter Benzin haben letztes Mal 3,45 € gekostet. Wie viel muss er für 5 Liter bezahlen, wenn der Benzinpreis gleich geblieben ist? D I

c) Ulf fährt mit dem Rad zur Schule. Wenn er 20 km/h schnell fährt, braucht er 10 Minuten. Heute hat er verschlafen und muss sich deshalb beeilen, er fährt mit 25 km/h. Wie lange braucht er für die Strecke? D I

d) Zwei Maler benötigen für den Anstrich einer Wand 6 Stunden. Wie lange brauchen drei Maler? D I

e) Vier Brötchen kosten 1 €, wie viel kosten sieben Brötchen? D I

f) Die Katze Maggie frisst normalerweise 1,5 Schälchen Katzenfutter am Tag. Ihr Herrchen hat genug für 6 Tage eingekauft. Da sie sich aber einen Winterspeck anfuttert, braucht sie momentan 2 Schälchen am Tag. Wie lange reicht das Katzenfutter nun? D I

4 **Katja schreibt als freie Mitarbeiterin für die Lokalzeitung, ihr Honorar wird nach Anzahl der Zeilen berechnet. Für ihren letzten Bericht über die Aufführung der Theater-AG ihrer Schule mit 95 Zeilen erhielt sie 20,90 €.**

a) Welches Honorar bekommt Katja für den Artikel über das Sommerfest im Tierheim, über das sie 75 Zeilen schreibt?

b) Für den Bericht über die Jahreshauptversammlung des Hallen-Halma-Vereins erhielt Katja 12,10 €. Wie lang war der Bericht?

c) Zu Beginn ihrer journalistischen Karriere bekam Katja für einen 40-zeiligen Artikel ein Honorar von 6,80 €. Wie viel hätte sie damals für den Artikel über die Jahreshauptversammlung bekommen?

5 **Familie Rau ist im letzten Jahr noch mit dem alten Auto in den Urlaub gefahren. Bei einer Durchschnittsgeschwindigkeit von 63 km/h dauerte die Fahrt 15 Stunden.**

a) Mit ihrem neuen Wagen erreichten sie auf ihrer Urlaubsfahrt eine Durchschnittsgeschwindigkeit von 70 km/h. Wie lange dauerte die Fahrt?

b) Der Rückweg dauerte nur 12,5 Stunden. Berechne die durchschnittliche Geschwindigkeit der Heimreise.

6 **Die Pfadfinder haben für ihr Zeltlager genügend Proviant eingekauft. Für 24 Teilnehmer würden die Vorräte 15 Tage lang reichen.**

a) Kurzfristig haben sich 6 weitere Pfadfinder angemeldet. Wie lange reichen diese Vorräte nun?

b) Wie viele Pfadfinder dürften höchstens mitfahren, wenn der eingekaufte Proviant 20 Tage reichen soll?

7 **Der neue Geländewagen von Herrn Müller verbraucht im Straßenverkehr durchschnittlich 10,5 Liter pro 100 km. Mit einer Tankfüllung schafft er damit 546 km. Nun fährt Herr Müller ins Gelände, dort steigert sich der Verbrauch auf 13 Liter pro 100 km. Wie weit käme er bei diesem Verbrauch mit einer Tankfüllung?**

Graphen direkt und indirekt proportionaler Zuordnungen

Der Graph einer **direkt proportionalen Zuordnung** liegt auf einer **Geraden.**

Der Graph einer **indirekt proportionalen Zuordnung** liegt auf einer Kurve, die man **Hyperbel** nennt.

8 Um eine 10 m^2 große Fläche zu streichen, benötigt man 5 Liter Innenfarbe. Wie viele Liter Farbe benötigt man, um ein Zimmer mit 30 m^2 (50 m^2; 70 m^2) Wandfläche zu streichen? Wie lautet die Zuordnungsvorschrift? Veranschauliche die Zuordnung, indem du ihren Graphen in ein Koordinatensystem zeichnest.

9 Der Wasservorrat für eine 12-tägige Expedition durch die Wüste reicht für eine Gruppe von 15 Personen. Wie lange dürfte diese Expedition unterwegs sein, wenn 6 (10; 20) Personen teilnehmen? Wie lautet die Zuordnungsvorschrift? Veranschauliche die Zuordnung, indem du ihren Graphen in ein Koordinatensystem zeichnest.

10 Bei einem Metzger werden Frikadellen zu 1,25 € das Stück angeboten.

a) Wie viel kostet eine Platte mit 15 (20, 25, 35) Frikadellen? Um welchen Zuordnungstyp handelt es sich bei der Zuordnung *Anzahl der Frikadellen → Preis*? Gib die Zuordnungsvorschrift an und veranschauliche die Zuordnung in einem Koordinatensystem.

b) Die Belegschaft einer Firma hat zu einer Feier Frikadellen für 60 € bestellt. Wie viel Euro muss jeder bezahlen, wenn sich 15 (20, 25, 30) Personen an den Kosten beteiligen? Um welchen Zuordnungstyp handelt es sich bei der Zuordnung *Anzahl der Personen → Kosten pro Person?* Gib die Zuordnungsvorschrift an und veranschauliche die Zuordnung in einem Koordinatensystem.

2.2 Zuordnungen und ihre Graphen

Säulendiagramme und Kreisdiagramme

In einem **Diagramm** oder Schaubild werden Zuordnungen anschaulich dargestellt. Jeder Wert wird einem anderen zugeordnet.

Im **Säulendiagramm** entspricht die Höhe einer Säule dem dargestellten Wert. Anstelle von senkrechten Säulen kann man auch waagerechte Balken zeichnen; dann spricht man von einem **Balkendiagramm.**

Mithilfe eines **Kreisdiagramms** lassen sich sehr gut Anteile und relative Häufigkeiten darstellen. Der Vollkreis entspricht dabei dem Ganzen.

11 Kordula vergleicht die Preise ihres Lieblingsgetränks in verschiedenen Geschäften. Sie notiert folgende Preise: 2,99 €, 3,05 €, 3,49 €, 3,59 €, 3,09 € und 3,19 €.

a) Stelle die Preise in einem Säulendiagramm dar.

b) Wie groß ist die Differenz zwischen dem günstigsten und dem teuersten Angebot?

c) Wie viel Geld spart Kordula, wenn sie drei Flaschen für den günstigsten Preis einkauft im Vergleich zum höchsten Preis?

d) Berechne den Durchschnitt der Preise.

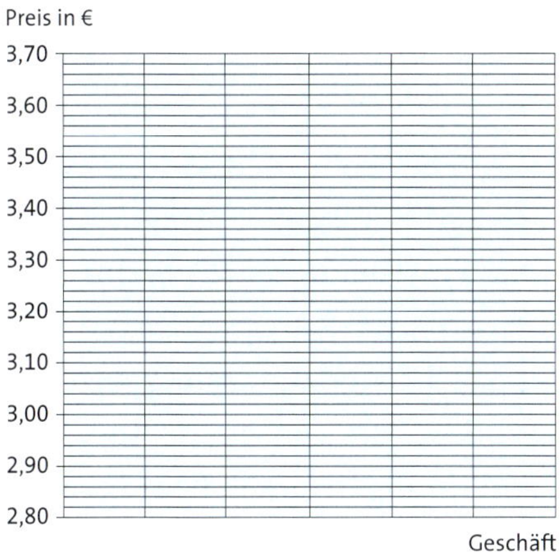

12 Finn hat in seiner Klasse eine Umfrage zu den Körpergrößen der Mitschüler durchgeführt.

a) Vervollständige die Tabelle, indem du die Strichliste auswertest.

b) Wie viele Schüler haben an der Befragung teilgenommen?

c) Stelle die Werte in einem Säulendiagramm dar. Nutze dafür die unten stehende Vorlage.

d) Welcher Anteil der Kinder ist zwischen 151 und 160 cm groß? Bestimme auch die weiteren Anteile und trage sie im Diagramm an den zugehörigen Säulen ein.

e) Trage die Anteile in das vorbereitete Kreisdiagramm ein.

f) Berechne die zugehörigen Winkelgrößen.

Größe	**Strichliste**	**Absolute Häufigkeit**	**Relative Häufigkeit in %**
131–140 cm	|||		
141–150 cm	卌 卌		
151–160 cm	卌 ||		
gesamt	卌 卌 卌 卌		100 %

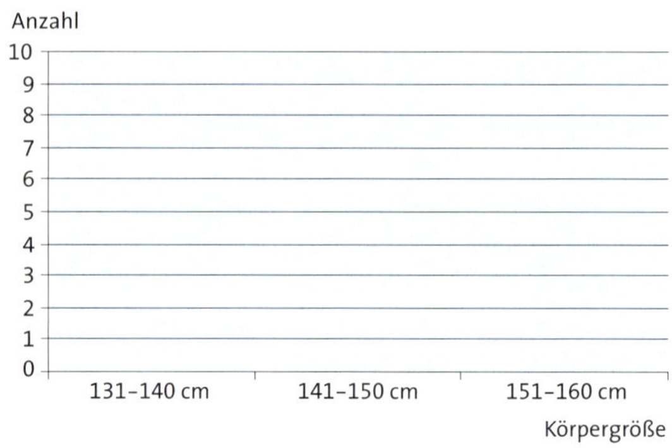

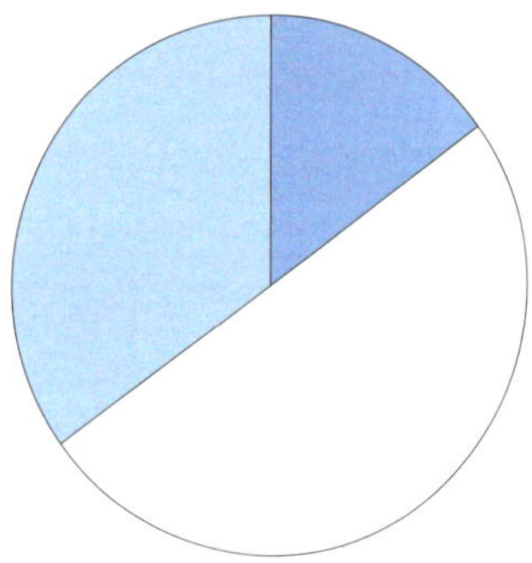

13 Nach den Angaben aus der Klassenliste erstellt der Klassenlehrer eine Übersichtstabelle, wie viele Kinder in den jeweiligen Monaten Geburtstag haben. Betrachte die Tabelle und das zugehörige Schaubild.

a) Vervollständige die Tabelle mithilfe der Daten aus dem Säulendiagramm.

b) Wie viele Kinder gehören zu dieser Klasse?

c) In welchem Monat haben die meisten, in welchem die wenigsten Kinder Geburtstag?

d) Vervollständige das Säulendiagramm mithilfe der Tabelle.

e) Welcher Prozentsatz der Kinder hat im Sommer (Juni bis September) Geburtstag?

Monat	1	2	3	4	5	6	7	8	9	10	11	12
Geburtstags-kinder			4	5	3	3		6		0	2	1

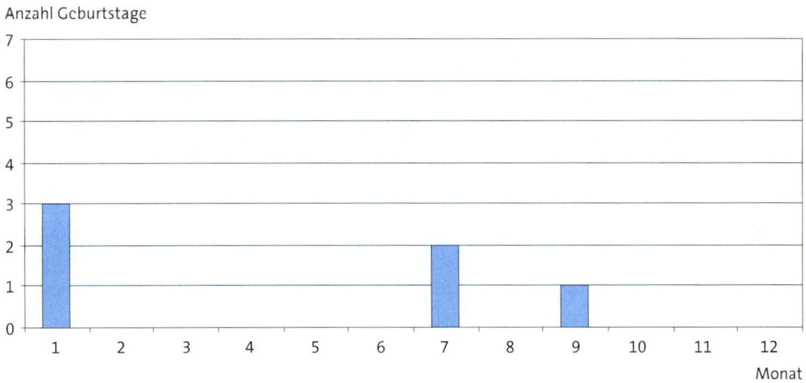

14 In der Tabelle siehst du die Notenverteilung einer Klassenarbeit.

a) Erstelle ein Säulendiagramm zur Notenverteilung.

b) Berechne den Notendurchschnitt der Arbeit.

c) Welcher prozentuale Anteil der Schüler hat mit Note 2 oder besser abgeschnitten?

Note	1	1,5	2	2,5	3	3,5	4	4,5	5	5,5	6
Anzahl	2	4	4	4	3	4	3	2	1	0	1

15 Klassensprecherwahl: Die Klasse 8a hat 30 Schülerinnen und Schüler. Die Kandidatinnen und Kandidaten für die Wahl sind: Maren, Lisa, Dominik, Marcel und Paul, wobei folgendermaßen abgestimmt wurde:

Kandidat(in)	**Anzahl der Stimmen**	**entsprechender Winkel im Kreisdiagramm**
Maren	卌 卌 || (12)	
Lisa	卌	
Dominik	卌 |||	
Marcel	|||	
Paul	||	
Abgegebene Stimmen	30	360°

a) Stelle diese Stimmenverteilung in einem Säulendiagramm dar.

b) Übertrage nun die Werte in ein Kreisdiagramm. Berechne zunächst die entsprechenden Winkel. (Tipp: 1 Stimme entspricht 360° : 30 = 12°.) Trage deine Ergebnisse in die obige Tabelle ein.

Liniendiagramme

Besonders übersichtlich kann man Zuordnungen darstellen, indem man die Wertepaare als Punkte in einem Koordinatensystem darstellt. Eine solche Darstellung nennt man **Graph** der Zuordnung. Häufig werden die Punkte durch eine Linie verbunden.

16 In der Tabelle siehst du eine Auflistung von Tageshöchsttemperaturen (T_{max}) der ersten 14 Tage des Monats August.

a) Erstelle ein Liniendiagramm, indem du zum jeweiligen Tag einen kleinen Punkt in Höhe der zugehörigen T_{max} markierst (die ersten beiden Temperaturen sind als Beispiel bereits eingetragen). Verbinde anschließend alle Punkte zu einer durchgehenden Linie.

b) An welchem Tag war es am heißesten? Wann war es am wenigsten heiß?

c) Zwischen welchen beiden aufeinanderfolgenden Tagen trat die größte Temperaturdifferenz auf? Wie groß war diese Differenz?

Datum	T_{max} (in °C)
1.8.	32,5
2.8.	35,4
3.8.	37,9
4.8.	38,6
5.8.	38,1
6.8.	37,1
7.8.	37,2
8.8.	40,1
9.8.	39,5
10.8.	37,1
11.8.	36,8
12.8.	39,5
13.8.	38,1
14.8.	33,4

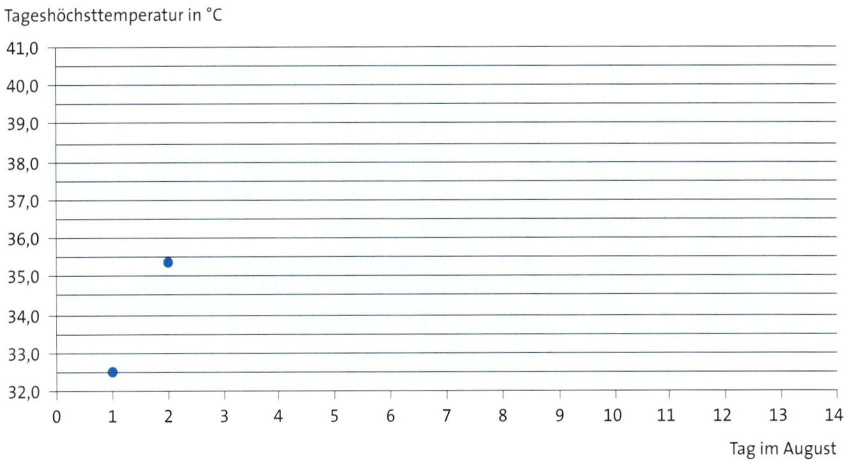

17 **Erdbeerbäuerin Karla hat ein Wasserbecken, aus dem sie ihre Felder bewässert. Je nach Wetter brauchen die Erdbeeren mehr oder weniger Wasser; bei Regen füllt sich das Becken wieder. Die Tabelle gibt an, um wie viele Zentimeter der Wasserstand an unterschiedlichen Tagen von der durchschnittlichen Wasserhöhe abweicht.**

Tag	1	3	5	7	9	11	13	15
Wasserstand (in cm)	+15	+7,5	+2,5	0	−7,5	−12,5	−5	+5

Vervollständige den Graphen der Zuordnung *Tag* → *Wasserstand* und verbinde die einzelnen Punkte durch eine Linie miteinander.

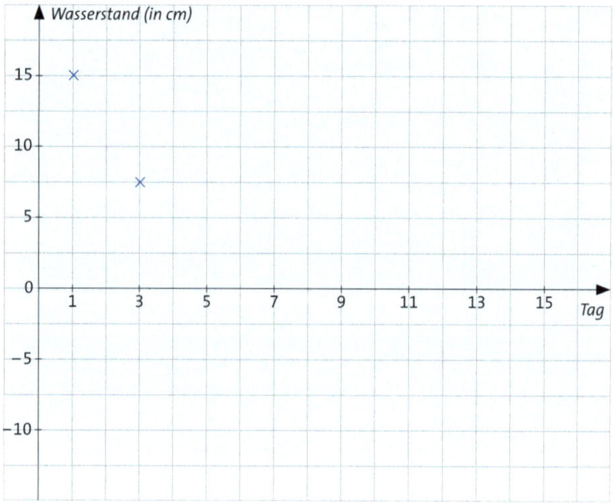

18 **Lies aus dem in Übung 17 entstandenen Graphen ab, ...**

a) an welchen Tagen der Wasserstand unter/über dem durchschnittlichen Wert lag.

b) an welchen Tagen der Wasserstand genau dem durchschnittlichen Wert entsprach.

c) wie hoch der ungefähre Wasserstand am 4. Tag bzw. am 10. Tag war.

d) in welchen Zeiträumen der Wasserstand gestiegen bzw. gefallen ist.

19 **Betrachte die Darstellung der Zuordnung. Welche Größen werden einander zugeordnet? Schreibe eine passende Geschichte auf, die durch das Diagramm wiedergegeben werden könnte.**

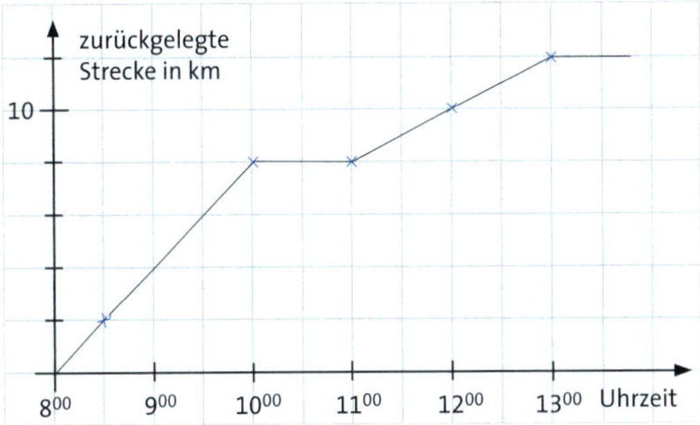

20 **Die folgenden Graphen zeigen den Verlauf eines 3000-Meter-Laufes von mehreren Teilnehmerinnen. Beschreibe die Läufe. Die Fragen können dir dabei helfen.**

a) Wer war die Schnellste?

b) Welche Läuferin hat während der gesamten Zeit die Geschwindigkeit beibehalten?

c) Welches der Mädchen ist schnell gestartet, dann aber zurückgefallen?

d) Welche Läuferin hat ihr Tempo nach einem langsamen Start kontinuierlich gesteigert?

e) Welches Mädchen hat das Ziel nicht erreicht?

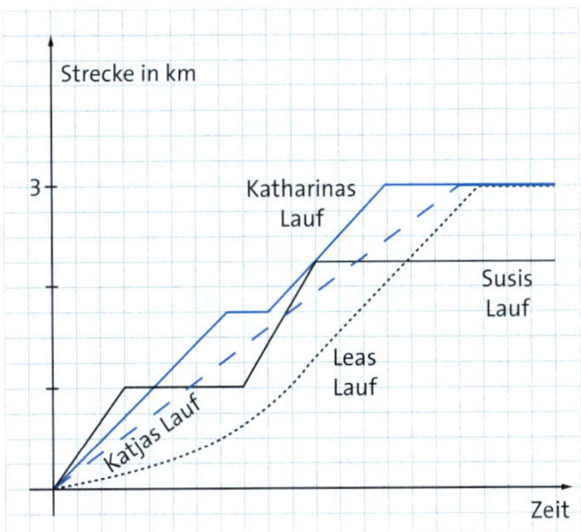

21 Betrachte folgende Grafik und beantworte die Fragen.

a) Wie hoch ist die Durchschnittstemperatur im Februar?

b) In welchem Monat ist die durchschnittliche Temperatur ähnlich wie im Februar?

c) Welcher Monat ist der wärmste?

d) Welcher Monat ist der kälteste?

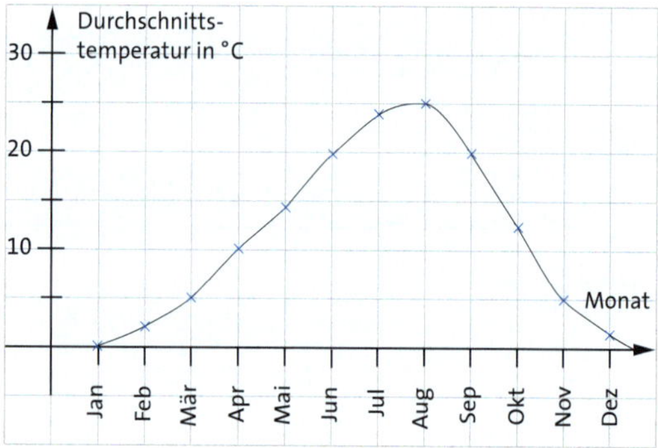

22 Die Bahnfahrt am Wandertag kostet für jede Schülerin und jeden Schüler 5,50 €. Stelle die Kosten für zwei bis sechs Schüler und Schülerinnen in einer Tabelle dar. Übertrage dann die Werte in ein Koordinatensystem. Achte hierbei auf die richtige Beschriftung und eine sinnvolle Einteilung der Achsen!

2.3 Funktionen und ihre Graphen

Funktionsgraphen

Eine **Funktion** ist eine Zuordnung, bei der jedem Element der Definitionsmenge genau ein Element der Wertemenge zugeordnet wird.

Um den Graphen einer Funktion zu zeichnen, kannst du eine **Wertetabelle** anlegen. Mithilfe dieser verschaffst du dir einen Überblick über die Eigenschaften der Funktion.

23 Die beiden Dörfer Schönborn und Wintershausen verbindet ein herrlicher Radweg. Manfred startet in Schönborn zur gleichen Zeit wie Hubert in Wintershausen. Die folgende Skizze gibt den genauen Verlauf der Fahrten an.

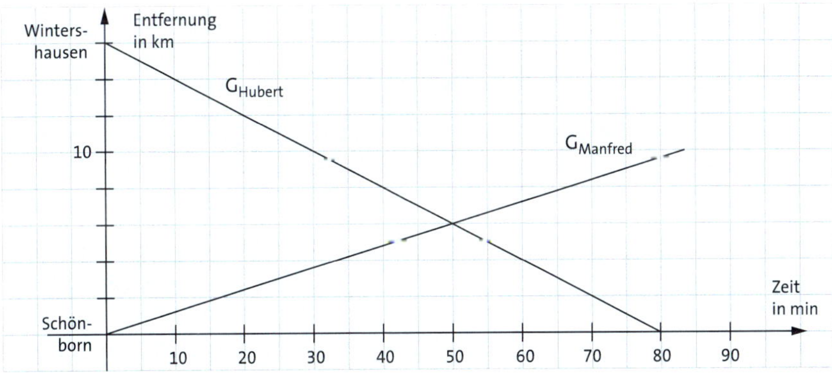

a) Nach wie vielen Minuten treffen sich die beiden?
b) Wie viele Kilometer musste Manfred bis zum Treffpunkt fahren?
c) Wie viele Kilometer musste Hubert bis zum Treffpunkt fahren?
d) Wie viele Minuten braucht Hubert bis Schönborn?
e) Überlege dir, wie lange Manfred wahrscheinlich für die Strecke nach Wintershausen braucht.

24 **Sybille will vor ihrem Urlaub Geld wechseln. Bei der Bank erhält sie 7,50 DK (Dänische Kronen) für einen Euro.**

a) Welche Größen werden einander zugeordnet?

b) Welche Größe soll die unabhängige Größe (x-Achse) sein?

c) Welche Größe soll die abhängige Größe (y-Achse) sein?

d) Zeichne ein Koordinatensystem. Beschrifte die Achsen und überlege dir eine sinnvolle Einteilung. Lege eine Tabelle an und zeichne anschließend den Graphen.

25 **In Kastellaun muss wegen Straßenbaumaßnahmen die Wasserzufuhr in der Friedrich-Back-Straße abgedreht werden. Sabine sucht sich deshalb alle möglichen Gefäße zusammen, um sie mit Wasser zu füllen. Beim gleichmäßigen Einfüllen der Gefäße verändert sich die Füllhöhe in Abhängigkeit von der Zeit.**

a) Schau dir die Gefäße genau an. Welcher Graph gehört zu welchem Gefäß? Begründe deine Antwort.

b) Skizziere den fehlenden Graphen.

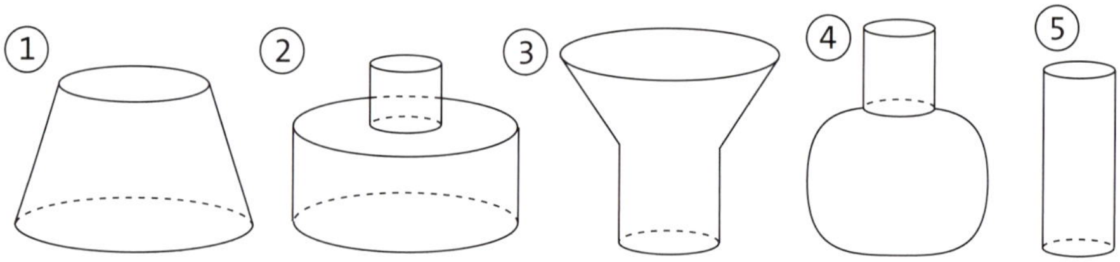

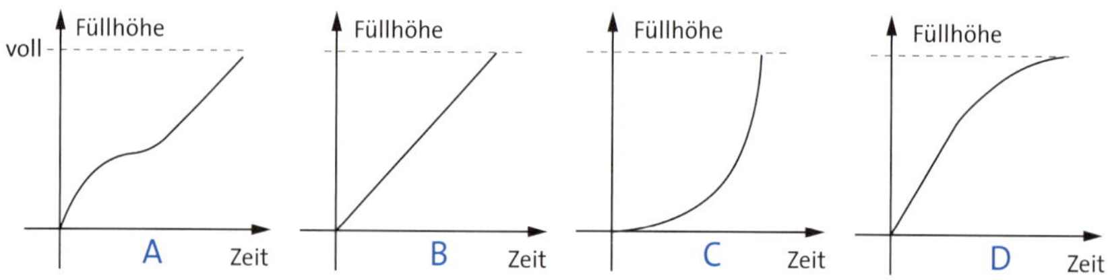

Quadratische Funktionen

Scheitelpunktform: $f(x) = (x - d)^2 + e$. Der Scheitelpunkt $S(d|e)$ kann direkt aus dem Funktionsterm abgelesen werden.

Normalform: $f(x) = x^2 + px + q$

Mithilfe der **quadratischen Ergänzung** lässt sich die Normalform in die Scheitelpunktform überführen:

$$x^2 + px + q = x^2 + px + \left(\frac{p}{2}\right)^2 - \left(\frac{p}{2}\right)^2 + q = \left(x + \frac{p}{2}\right)^2 + \left(q - \left(\frac{p}{2}\right)^2\right)$$

Beispiel: $f(x) = x^2 + 6x + 5 \rightarrow$ quadratische Ergänzung

$$\rightarrow f(x) = x^2 + 6x + \left(\frac{6}{2}\right)^2 - \left(\frac{6}{2}\right)^2 + 5 = (x + 3)^2 - 4;\ S(-3|-4)$$

Die **Nullstelle** einer Parabel bestimmt man, indem man die Funktionsgleichung gleich null setzt und nach x auflöst.

26 Die Müngstener Brücke in Solingen hat einen parabelförmigen Spannbogen. Der Bogen wird ungefähr durch die Funktionsgleichung $f(x) = -\frac{1}{92}x^2 + 69{,}3$ m beschrieben (x in Metern).

a) Wie groß ist die Spannweite der Brücke?

b) Wie hoch über dem Erdboden liegt der Scheitelpunkt der Brücke, wenn die Fußpunkte des Brückenbogens zu ebener Erde liegen?

27 Die Bahn der beim Kieselsteinweitwurf geworfenen Steine hat die Form einer Parabel. Neles Wurf wird durch die Gleichung $f(x) = -\frac{1}{50}x^2 + \frac{2}{5}x$ beschrieben; Louis' Wurf durch die Gleichung $f(x) = -8x^2 + 16x$ (x in Metern).

a) Wer von beiden wirft höher?

b) Wer von beiden wirft weiter?

Extremwertaufgaben

Extremwertaufgaben lassen sich lösen, indem man ...
1. sich überlegt, welche Größe maximal werden soll;
2. eine Zielfunktion aufstellt;
3. die Nebenbedingungen aufstellt;
4. mithilfe der Nebenbedingung eine Variable aus der Zielfunktion eliminiert;
5. den Scheitelpunkt der so erhaltenen quadratischen Funktion bestimmt;
6. aus diesem den maximal (oder minimal) möglichen x-Wert abliest.

28 Mit einem 8 m langen Drahtzaun soll ein Kaninchenstall umzäunt werden, sodass die rechteckige Stallfläche möglichst groß wird.

29 Anna will für ihr Meerschweinchen aus 18 m Maschendraht ein rechteckiges Gehege mit möglichst großem Flächeninhalt umzäunen. An einer Seite kann sie anstelle des Maschendrahts eine Hauswand benutzen. Sie will nun die optimalen Seitenlängen x und y des Rechtecks bestimmen. Kannst du ihr dabei helfen?

3 Dreisatz, Prozent- und Zinsrechnung

3.1 Dreisatz

Dreisatz

Aufgaben, in denen es um **direkt proportionale** (↑ Kap. 2.1) oder **indirekt proportionale** Zuordnung (↑ Kap. 2.1) geht, lassen sich mithilfe der Dreisatzrechnung lösen.

1 **Auf einem Markt werden Kartoffeln zu folgenden Preisen angeboten: Ein 1,5-kg-Sack kostet 0,75 €, ein 5-kg-Sack kostet 2,25 €.**

a) Berechne jeweils den Preis pro Kilogramm. Welche Packungsgröße ist demnach günstiger?

b) Wie viel muss Frau Meier für genau 8 kg Kartoffeln zahlen?

c) Auf dem Wochenmarkt verlangt ein Bauer 48 ct pro Kilogramm. Ist es für Frau Meier günstiger, hier 8 kg zu kaufen?

2 **Der Platzwart des Berliner Olympiastadions bereitete den Rasen für das Finale der Fußball-Weltmeisterschaft 2006 vor. Mit seinem Traktor mähte er den Rasen, wofür er 40 Minuten benötigte. Dabei wurden 3 Liter Benzin verbraucht.**

a) Wie viel Benzin verbrauchte er demnach in einer Stunde?

b) Wie lange benötigte er für drei komplette Rasenflächen?

c) Eine Woche zuvor halfen ihm drei Kollegen, die jeweils genau so schnell wie er arbeiteten. Wie lange benötigten sie zu viert für eine Rasenfläche?

d) Ein anderes Stadion wurde von zwei Platzwarten vorbereitet, die dafür eine Stunde brauchten. Wie lange hätten sie bei gleicher Arbeitsgeschwindigkeit zu dritt gebraucht?

3.2 Prozentrechnung

Grundwert, Prozentwert, Prozentsatz

Der **Grundwert G** entspricht 100 %. Der **Prozentwert W** gibt an, um welche konkrete Anzahl es geht. Der **Prozentsatz p %** gibt an, wie groß der Anteil dieser Zahl am Grundwert ist.

Berechnen des Prozentsatzes: $p\,\% = \frac{W}{G}$ bzw. $\frac{p}{100} = \frac{W}{G}$

Berechnen des Prozentwertes: $W = p\,\% \cdot G$ bzw. $W = \frac{p \cdot G}{100}$

Berechnung des Grundwertes: $G = \frac{W}{p\,\%}$ bzw. $G = \frac{W \cdot 100}{p}$

Beispiel: 24 von 60 Schülern, also 40 %, lesen gern: G = 60, W = 24, p = 40, p % = 40 %.

3 **In den Klassen 6a und 6b ist dieselbe Klassenarbeit geschrieben worden. In der Klasse 6a wurden 8 von 25 und in der Klasse 6b wurden 9 von 30 Arbeiten mit „gut" bewertet. Vergleiche die prozentualen Anteile.**

4 **Ein schöner Stuhl kostete bisher 84 €, jetzt wurde der Preis aber um 10 % erhöht. Ein Stammkunde erhält auf diesen erhöhten Preis 10 % Rabatt. Wie viel muss er zahlen?**

5 **Zum Nettopreis einer Handwerkerrechnung werden immer 19 % Mehrwertsteuer hinzugerechnet. Auf wie viel Euro beläuft sich die Mehrwertsteuer, wenn der Nettopreis 270 € beträgt?**

6 **Um wie viel Prozent wird eine Zahl ...**

a) kleiner, wenn man sie halbiert?

b) größer, wenn man sie um ein Fünftel vergrößert?

7 **Bei einer Überprüfung erwiesen sich von 7000 Monitoren 0,1 % als fehlerhaft. Wie viele Monitore müssen aussortiert werden?**

8 **An der Heinrich-von-Kleist-Schule werden 600 Schüler unterrichtet. Davon kommen 340 mit dem Fahrrad, 155 mit dem Bus und 105 zu Fuß zur Schule. Von 300 Schülern der Franz-Kafka-Schule kommen 115 mit dem Fahrrad, 75 mit dem Bus und 110 zu Fuß.**

a) Erstelle eine Tabelle und vergleiche die prozentualen Anteile.

b) Erstelle für jede Schule ein Kreisdiagramm. Färbe entsprechende Anteile jeweils gleich.

9 **René und André spielen Fußball. René schießt 30-mal auf das Tor und trifft 21-mal. André schießt 20-mal und trifft das Tor 13-mal. Wer hat die höhere Trefferquote?**

10 **In einer Firma arbeiten 140 Personen. 55 % davon sind Männer.**

a) Wie viele Frauen arbeiten dort?

b) Von den 140 Mitarbeitern sind 42 im Büro tätig. Wie viel Prozent entspricht das?

c) In einer anderen Firma sind ebenfalls 42 Personen im Büro tätig. Das sind 24 % der gesamten Mitarbeiter. Wie viele Beschäftigte hat der Betrieb?

11 **Die Jugendgruppe einer Kirchengemeinde besteht zu Jahresbeginn aus 27 Mädchen und 18 Jungen.**

a) Wie viel Prozent aller Mitglieder sind Mädchen (Jungen)?

b) Wie verändert sich der prozentuale Anteil der Mädchen (Jungen), wenn im Laufe des Jahres 3 Mädchen neu hinzukommen?

12 **Maximilian kauft sich Inlineskates, die um 30 % des Originalpreises billiger waren. Er bezahlt noch 70 €. Wie viel Euro hat Maximilian gespart?**

13 **Der Preis für Jeans wurde um 15 % auf 68 € gesenkt. Wie viel Euro Rabatt (Preisnachlass) bekommt Jan für eine Jeans?**

14 **Nach einer Preiserhöhung um 17 % kostet eine Stereoanlage 175,50 €. Wie viel hat sie vorher gekostet?**

15 **Eine Sonderpackung Muffins hat 50 % mehr Inhalt als die Originalpackung. Diese Sonderpackung enthält 6 Muffins. Wie viele Muffins sind in der normalen Packung enthalten?**

16 **Claras Lieblingsmüsli besteht aus 35 % Trockenfrüchten, 30 % Haferflocken, 25 % Cornflakes und 10 % Rosinen.**

a) Erstelle ein Kreisdiagramm mit diesen Prozentsätzen.

b) Überlege dir, wie du diese Werte in das unten abgebildete Streifendiagramm eintragen kannst.

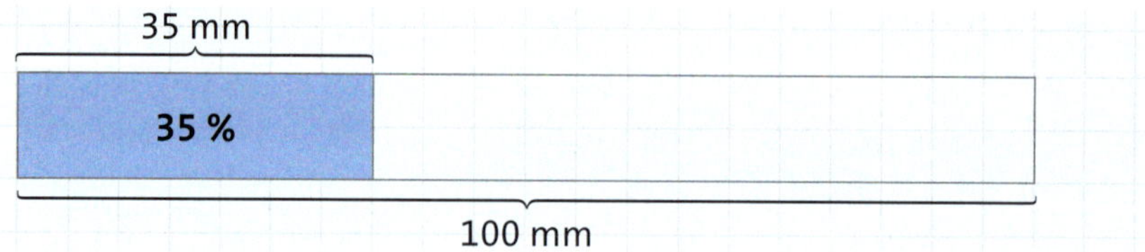

17 **Meerwasser hat in der Regel einen Salzgehalt von 3,5 %.**

a) Wie viel Gramm Salz sind in 250 g Meerwasser enthalten?

b) 1 kg Meerwasser und 4 kg salzfreies Wasser werden gemischt. Wie viel Prozent beträgt der Salzgehalt der Mischung?

18 **Tom mischt 2 Liter eines Fruchtsaftgetränks, das 5 % Saft enthält, mit 1 Liter Orangennektar, der 40 % Saft enthält. Wie viel Prozent Saft enthält seine Mischung?**

19 **Ein Handwerker stellt eine Rechnung über 3726 € aus. Hinzu kommen 19 % Mehrwertsteuer. Wie viel Steuern fallen an?**

20 **Eine Krankenkasse ersetzt 72 % der Kosten einer Zahnbehandlung. Das sind 2354,40 €. Wie hoch war die Arztrechnung?**

21 **Das statistische Bundesamt hat zum Thema „Einwohner und Erwerbsbeteiligungen" die folgende Statistik veröffentlicht.**

Einwohner und Erwerbsbeteiligung (Angaben in 1000)	
Einwohner	82 464
Erwerbspersonen	42 565
Erwerbslose	3 893
Erwerbstätige	38 672
Arbeitnehmer	34 317
Selbstständige	4 355
Quelle: Statistisches Bundesamt	

a) Gib den Anteil der Erwerbspersonen bezogen auf die Einwohnerzahl an.

b) Wie groß ist der Anteil der Arbeitnehmer bzw. der Selbstständigen unter den Erwerbstätigen?

c) Wie viel Prozent der Bevölkerung sind nicht erwerbstätig?

22 **Eine Fotografie wird von 9 cm × 12 cm auf 30 cm × 40 cm vergrößert.**

a) Wie viel Prozent der neuen Fotogröße beträgt die alte Fotogröße?

b) Um wie viel Prozent wurde die ursprüngliche Fotografie vergrößert?

23 **Bei einer Kontrollstation der Polizei werden ca. 27 % der 158 untersuchten Fahrzeuge beanstandet. Wie viele Fahrzeuge sind dies?**

24 **Die Miete von Familie Dessoy ist von 450 € auf 490 € gestiegen. Wie viel Prozent müssen sie nun mehr bezahlen?**

25 **Ein Fliesenleger braucht 562 Fliesen, um ein Bad zu fliesen. Es ist damit zu rechnen, dass während der Arbeit 8 % kaputtgehen. Wie viele Fliesen muss er einkaufen?**

26 **Wegen eines Hagelschadens verkauft ein Autohaus einen Neuwagen mit einem Rabatt von 20 %. Er kostet jetzt nur noch 23 600 €. Wie hoch war des Preis des Neuwagens vor der Preissenkung?**

27 **Was sagst du zu diesem Zeitungsartikel?**

> ### Allgemeines
>
> **Jeder Vierte will unsterblich sein**
>
> In einer Umfrage wollten 44% der Befragten nicht älter als 80 Jahre werden. Höchstens 100 Jahre wollten 18% werden. Lediglich 4% gaben an, sie wollten unsterblich sein.

28 **Im Fahrstuhl eines Bürogebäudes befinden sich 6 Leute, das sind 50 % mehr als zugelassen. Wie viele Personen dürften eigentlich mit dem Fahrstuhl fahren?**

29 **Ein Fernseher kostet 490 €. Nach einer ersten Preissenkung um 5 % wird der ermäßigte Preis nochmals um 10 % reduziert. Um wie viel Prozent wurde der Fernseher insgesamt preiswerter?**

30 **Ein Möbelhaus wirbt in einem Prospekt: „Wir zahlen Ihre Mehrwertsteuer! Rabatt in Höhe der Mehrwertsteuer auf alle Möbelangebote.“ So kostet ein Futonbett nur noch 154 € statt 179 €.**
Um wie viel Prozent wurde der Preis des Betts ermäßigt? Vergleiche mit dem Mehrwertsteuersatz von 19 %!

3.3 Zinsrechnung

Zinsrechnung

Zinsrechnung ist eine Anwendung der Prozentrechnung mit anderen Begriffen:
Das **Kapital K** tritt an die Stelle des Grundwertes;
der **Zinssatz p %** tritt an die Stelle des Prozentsatzes;
die **Zinsen Z** treten an die Stelle des Prozentwertes.

Berechnen des Zinssatzes: $p\,\% = \frac{Z}{K}$ bzw. $p = \frac{Z \cdot 100}{K}$

Berechnen der Zinsen: $Z = K \cdot p\,\%$ bzw. $Z = \frac{K \cdot p}{100}$

Berechnung des Kapitals: $K = \frac{Z}{p\,\%}$ bzw. $K = \frac{Z \cdot 100}{p}$

Beispiel: Legt man ein Kapital von 2400 € bei einem Zinssatz von 3,5 % an, erhält man nach einem Jahr $Z = 2400\,€ \cdot 3{,}5\,\%$ $= \frac{2400\,€ \cdot 3{,}5}{100} = 84\,€$ Zinsen.

31 **Welchen Jahreszins bekommt man für 225 € bei einem Zinssatz von 6 %?**

32 **Udo kauft für 15 000 € Aktien, die er ein Jahr später für 16 650 € verkauft.**

a) Wie viel Prozent Gewinn hat er gemacht?

b) Wie viel Zinsen hätte er bekommen, wenn er das Angebot der Bank angenommen hätte, die ihm einen Zinssatz von 8 % angeboten hatte?

c) Udo hat bei seiner Bank noch Geld zu einem Zinssatz von 9,5 % angelegt. Am Jahresende werden ihm 1900 € überwiesen. Wie viel Geld hat er angelegt?

33 Herr Schmidt hat 1 Million Euro so angelegt, dass sie mit 12 % verzinst werden. (Tipp: Geldinstitute rechnen mit 360 Tagen pro Jahr.)

a) Wie viel Zinsen bekommt er an einem Tag, in einer Woche bzw. in einem Vierteljahr?

b) Wie lange dauert es, bis er 33 000 € Zinsen bekommen hat?

34 Michelle hat auf ihrem Sparbuch ein Guthaben von 500 €, das mit 2,5 % verzinst wird. Welche Zinsen bekommt sie in der Zeit vom 15. April bis zum 20. Oktober?

Anlagezeit in Tagen: t = 15 + ______ · 30 + ______ = ______

Somit betragen die Zinsen:

$$Z_t = \frac{K \cdot p \cdot t}{100 \cdot 360} = \frac{500€ \cdot \_\_\_\_ \cdot \_\_\_\_}{100 \cdot 360} = \_\_\_\_\_\_ € \text{ (Runde!)}$$

35 Ein Konto A mit 3,7 % Verzinsung bringt nach einem Jahr 26,64 € Zinsen. Ein Konto B, das mit 4 % verzinst wird, bringt nach einem Jahr 28,72 €. Auf welchem Konto befand sich am Anfang des Jahres der höhere Geldbetrag?

36 Berechne für 360 € und p % = 2,5 % die Zinsen für den angegebenen Zeitraum. Denke daran, dass Geldinstitute immer mit 30 Tagen pro Monat rechnen!

a) Zeitraum 01.06.2009 bis 20.8.2009

b) Zeitraum 04.03.2009 bis 31.10.2009

c) Zeitraum 24.12.2009 bis 04.05.2010

37 Eine Firma nimmt bei der Bank ein Darlehen von 8000 € zur Renovierung einiger Büroräume auf. Der Zinssatz beträgt 6,9 %. Wie viel Zinsen muss die Firma pro Jahr an die Bank bezahlen, solange sie nichts an die Bank zurückgezahlt hat?

38 Ein Kreditinstitut wirbt: „Wir leihen Ihnen 1000 € und Sie zahlen 199 € Zinsen im ersten Jahr!“ Wie hoch ist der Zinssatz? Was hältst du von diesem Angebot?

39 Ein kleines Unternehmen möchte ein Darlehen über 20 000 € für einen Geschäftswagen aufnehmen und lässt sich von verschiedenen Banken folgende Angebote unterbreiten:
Bank A: „Wir können Ihnen einen Zinssatz von 7,5 % anbieten.“
Bank B: „Bei uns zahlen Sie monatlich nur 158,34 € Zinsen.“
Welches ist das günstigere Angebot?

40 Im Zeitraum von 15. April bis 30. September eines Jahres werden 2800 € mit 5,25 % verzinst. Berechne die anfallenden Zinsen.

Zinseszins

Nach einem Jahr erhöht sich das Guthaben um die Zinsen. Im Folgejahr erhält man also Zinsen für die Summe aus dem alten Guthaben **plus** der Zinsen des Vorjahres; bekommt also auch für die Zinsen wieder Zinsen, die sogenannten **Zinseszinsen.**

Das Guthaben, das aus dem Kapital nach mehreren Jahren erwächst, berechnet man entweder Jahr für Jahr oder durch wiederholte Multiplikation des Anfangskapitals K_0 mit dem **Zinsfaktor** $q = 1 + \frac{p}{100}$.

Für zwei Jahre ergibt sich also $K_2 = K_0 \cdot \left(1 + \frac{p}{100}\right) \cdot \left(1 + \frac{p}{100}\right) = K_0 \cdot \left(1 + \frac{p}{100}\right)^2$ und für n Jahre lautet die Formel $K_n = K_0 \cdot \left(1 + \frac{p}{100}\right)^n$.

Beispiel: Ein Kapital von 2200 € ist bei einem Zinssatz von 6 % nach drei Jahren also auf $K_3 = 2200 \cdot \left(1 + \frac{6}{100}\right)^3 = 2620{,}23$ € angewachsen.

41 Anfang 2010 hast du ein Guthaben von 1000 € auf dem Sparbuch. Das Geld bleibt bei einem Zinssatz von 3 % bis 2013 auf der Bank. Berechne mithilfe der Tabelle schrittweise, auf welchen Betrag das Guthaben in dieser Zeit anwächst.

Beispiel: Zinsen im Jahr 2010: $Z = \frac{K \cdot p}{100} = \frac{1000\,€ \cdot 3}{100} = 1030\,€$

Guthaben (mit Zinsen) Ende 2010: 1000 € + 30 € Zinsen = 1030 €

Jahr	Guthaben ohne Zinsen	Zinsen	Guthaben mit Zinsen
2010	1000 €	30 €	1030 €
2011	1030 €		
2012			
2013			

42 Frau Sommer hat 2010 einen Betrag von 2400 € auf ihrem Sparbuch. Der Zinssatz beträgt 2,5 %. Nach einem Jahr werden die angefallenen Zinsen nicht ausbezahlt, sondern das Geld verbleibt auf dem Konto. Wie verändert sich ihr Kontostand nach einem (zwei) weiteren Jahr(en), wenn sie in der Zwischenzeit weder Geld abhebt noch einzahlt?

	Guthaben	Zinsen	Neues Guthaben
2010	2400 €	60 €	2460 €
2011	2460 € ←		
2012			

43 Nico bekommt zu seinem 13. Geburtstag von seinem Onkel ein Sparbuch mit 500 € geschenkt. Der Zinssatz bei der Bank beträgt 1,5 %.

a) Wie viel Geld ist nach 9 Monaten auf seinem Sparbuch?

b) Wie viel Geld hat Nico zu seinem 16. Geburtstag auf seinem Sparbuch, wenn er bis dahin nichts einbezahlt und nichts abhebt?

c) Wie hoch wäre der Zinssatz, wenn Nico in 3 Monaten 6 € Zinsen bekäme?

44 Vergleiche Modell I und Modell II zur Geldanlage für einen Zeitraum von 3 Jahren und ein Anfangskapital von 2000 €.

Modell I: Zinssatz 4,28 % pro Jahr fest in jedem Jahr.

Modell II: Zinssatz im ersten Jahr 3,75 %, im zweiten Jahr 4,25 %, im dritten Jahr 4,4 %.

45 Wie viel Jahre muss ein Kapital von 500 € angelegt werden, damit es sich bei einem Zinssatz von 4,5 % mit Zinseszinsen verdoppelt? Was passiert bei einem Anfangskapital von 2000 €, wenn sich die anderen Bedingungen nicht ändern?

46 Berechne das Kapital nach 5 Jahren, wenn in dieser Zeit 3800 € mit Zinseszinsen bei einem Zinssatz von 2,78 % p.a. (= pro Jahr) angelegt werden.

47 Auf welchen Betrag wächst ein Kapital von 12 000 € nach 5 Jahren (mit Zinseszins) bei einem Zinssatz von 3 % an? Wie viel Zinsen hätte man insgesamt erhalten, wenn man den Jahreszins jeweils am Ende des Jahres abgehoben hätte? Vergleiche!

48 Für einen Kredit sind im Jahr 12 % Zinsen zu bezahlen. Wie teuer ist ein Kredit von 15 000 €, wenn er nach ...

a) 5 Monaten zurückgezahlt wird?

b) 5 Jahren zurückgezahlt wird?

4 Geometrie

4.1 Winkel

Winkel

Zwei Strahlen g und h, die von einem gemeinsamen Punkt S ausgehen, bilden einen **Winkel.** S heißt **Scheitelpunkt**, die beiden Strahlen heißen **Schenkel** des Winkels. Ein Vollwinkel entsteht durch eine volle Drehung und beträgt 360°. Ein Winkel von 1° ergibt sich aus der Zerlegung des Vollwinkels in 360 gleich große Teile.

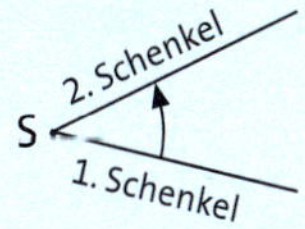

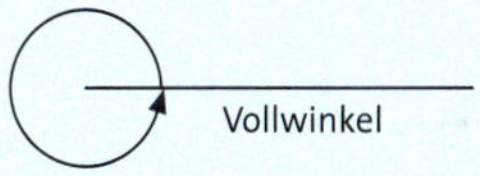

1 **Die Stubenfliege Willi läuft auf der Suche nach Essen auf einem Tisch 5 cm weit in eine Richtung. Hier findet sie nichts zu fressen, also dreht sie sich um 60° nach rechts und läuft 4 cm weiter. Wieder nichts, also dreht sie sich um 95° nach rechts, läuft – und nach 3,2 cm riecht sie etwas. Sie dreht sich um 75° nach rechts, sieht das leckere Essen und muss 6,3 cm laufen, bis sie es erreicht hat.**

a) Zeichne Willis Weg. Achte darauf, genau zu zeichnen!

b) Wo befindet sich Willi am Ende seiner Suche?

c) Um welchen Winkel müsste sich Willi nach rechts drehen, um wieder in seine ursprüngliche Laufrichtung zu schauen?

d) Um welchen Winkel hat Willi sich dann insgesamt – einschließlich c) – gedreht?

2 **Welchen Winkel überstreicht der Minutenzeiger einer Uhr in 18 Minuten?**

3 **Wie viel Zeit benötigt der Minutenzeiger einer Uhr, um einen Winkel von 12° zu überstreichen?**

4 **Welchen Winkel überstreicht der Minutenzeiger in den angegebenen Zeiträumen? (Tipp: Überlege dir, welchen Winkel ein Minutenzeiger in einer Minute überstreicht.)**

a) 12.00 Uhr bis 12.20 Uhr

b) 12.54 Uhr bis 13.07 Uhr

c) 23.11 Uhr bis 0.33 Uhr

d) 10.30 Uhr bis 13.00 Uhr

Winkel an Geraden

Scheitelwinkel sind gleich groß.

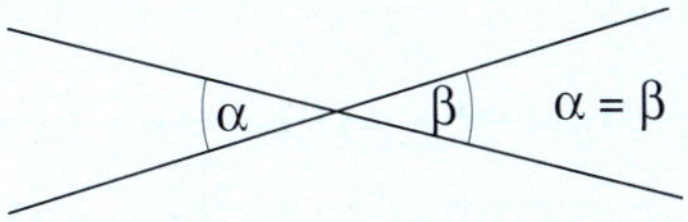

Nebenwinkel ergeben zusammen 180°.

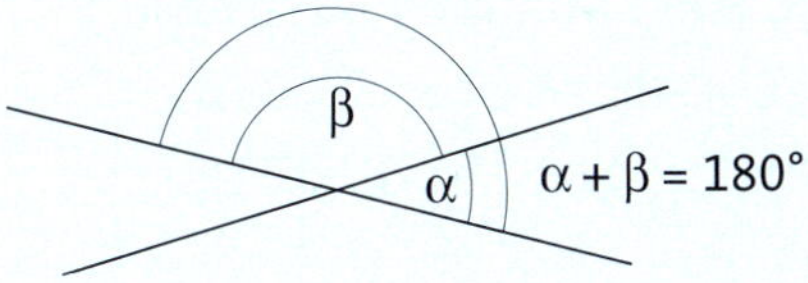

Stufenwinkel an Parallelen sind gleich groß.

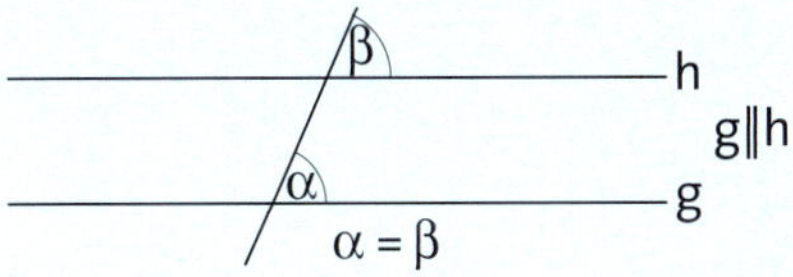

Wechselwinkel an Parallelen sind gleich groß.

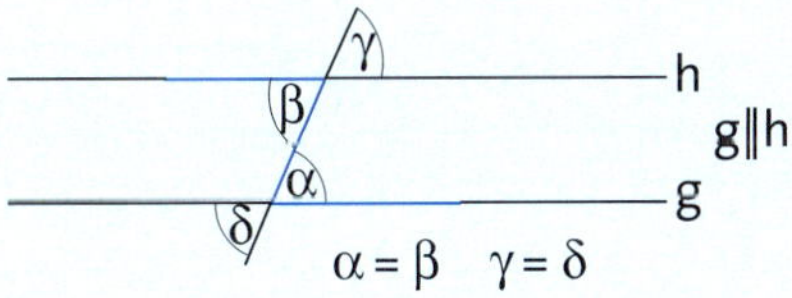

5 Wie groß sind α und β, wenn ...

a) α 34° beträgt und β der Scheitelwinkel zu α ist?

b) α um 20° größer ist als sein Nebenwinkel β?

c) α um 110° größer ist als sein Nebenwinkel β?

d) α doppelt so groß ist wie sein Nebenwinkel β?

6 Eine Autobrücke besitzt die abgebildete Trägerkonstruktion. Wie groß ist der Winkel γ, wenn $\alpha = 80°$ und $\beta = 50°$ sind?

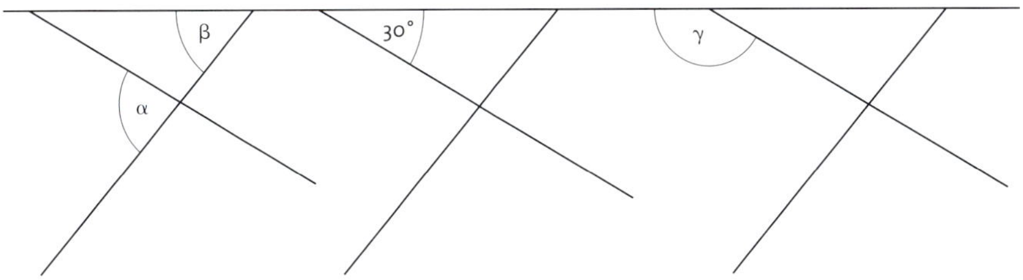

4.2 Strahlensätze und Ähnlichkeit

Strahlensätze

Wenn die Geraden g_A und g_B sich schneiden und von den parallelen Geraden g_1 und g_2 geschnitten werden, gelten

der **1. Strahlensatz:**

$$\frac{a_1 + a_2}{a_1} = \frac{b_1 + b_2}{b_1} \text{ und } \frac{a_2}{a_1} = \frac{b_2}{b_1}$$

der **2. Strahlensatz:**

$$\frac{d}{c} = \frac{a_1 + a_2}{a_1} = \frac{b_1 + b_2}{b_1}$$

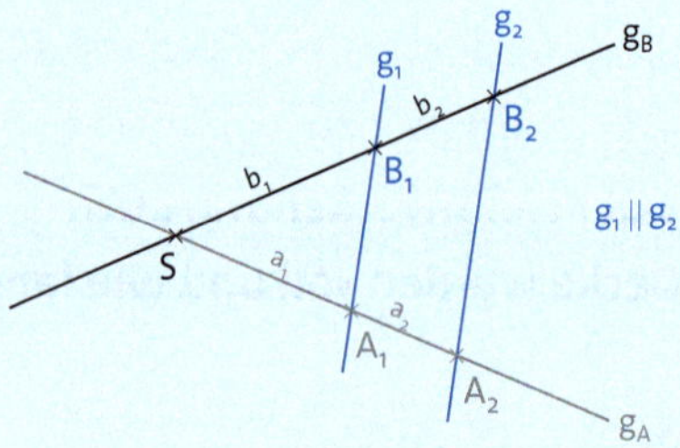

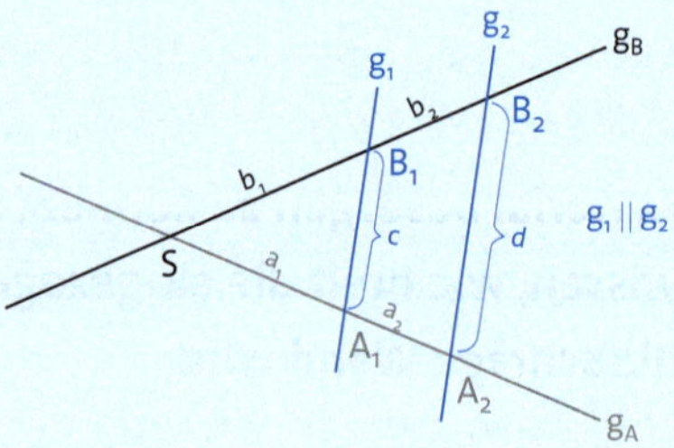

7 **Die Breite eines Sees soll bestimmt werden. Ein Vermessungstechniker hat dazu folgende Skizze angefertigt. Berechne mit den angegebenen Werten die Breite des Sees.**

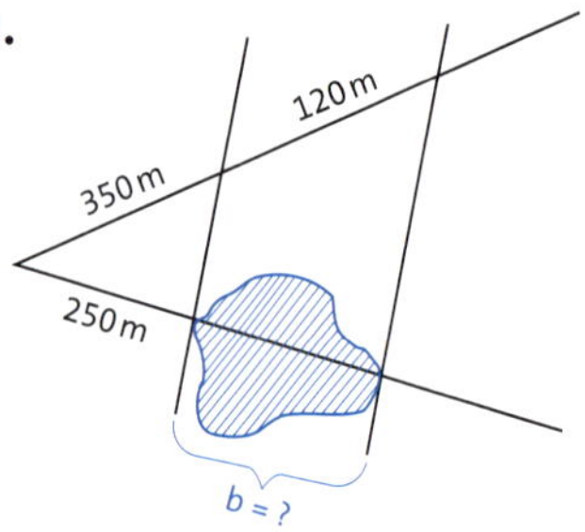

8 **Die Höhe von dünnen Platten, die Durchmesser von dünnen Drähten oder Kugeln kann man mithilfe einer Messlehre bestimmen. Gib den Durchmesser der Kugel an.**

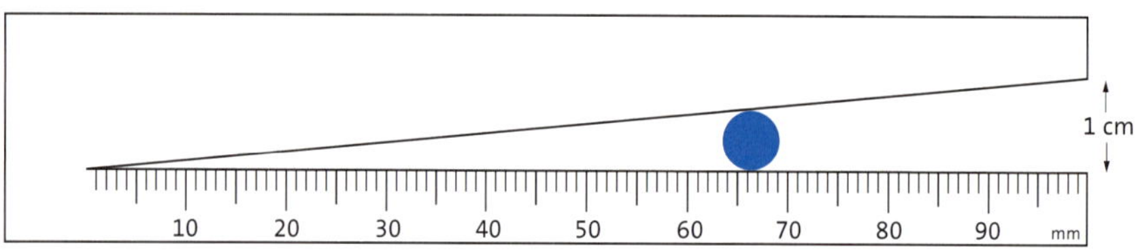

9 **Philipp ist Jäger. Er steht neben einem Baum, der einen Schatten von 8 m wirft. Philipp schätzt, dass der Baum ca. 10 m hoch ist. Um rechnerisch herauszubekommen, wie hoch der Baum wirklich ist, misst Philipp noch die Länge seines eigenen Schattens. Sie beträgt 1,60 m. Da er seine eigene Größe (1,80 m) kennt, fällt es ihm nicht schwer, die Höhe des Baumes zu bestimmen.**

a) Fertige hierzu eine Skizze an.

b) War Philipps Schätzung gut?

10 **Ein Dachgeschoss soll zum Studio ausgebaut werden. Dazu muss in 2,50 m Höhe eine Decke eingezogen werden. Um das nötige Material besorgen zu können, muss der Heimwerker u. a. auch wissen, wie breit die eingezogene Decke werden soll und wie lang die schräge Wand wird.**

a) Berechne die Breite der eingezogenen Decke.

b) Berechne die Länge der schrägen Wand.

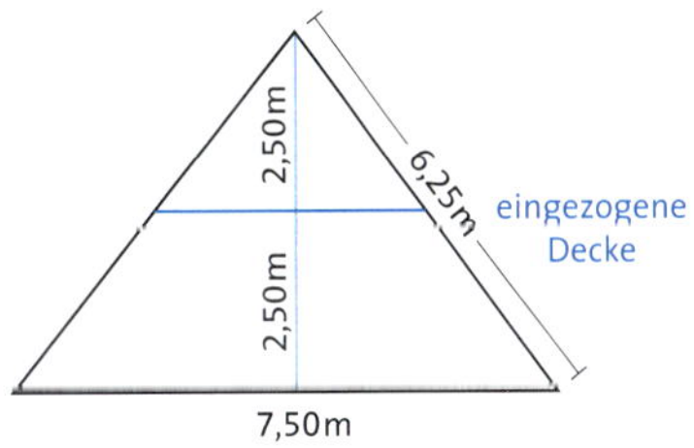

11 **Eine Drahtseilbahn hat eine Steigung von 407 m bei 1000 m Strecke. Um wie viel höher ist die Bahn bei einer Fahrstrecke von 400 m (1085 m) gekommen?**

12 **Steffen hält mit ausgestrecktem Arm (60 cm) ein 1-Euro-Stück so, dass es gerade einen kugelförmigen Gasbehälter (Durchmesser 26,5 m) verdeckt. Wie viel Meter steht er vom Gasbehälter entfernt?**

13 **Die Klasse 8 c wandert mit ihrer Klassenlehrerin Frau Braun. Sie machen Rast in der Nähe eines Berges. Frau Braun behauptet, dass sie die Höhe des Berges bestimmen kann, indem sie die Spitze des Berges über zwei gleich große Stäbe anpeilt, die mit ihr selbst in einer Linie liegen müssen. Sie fertigt folgende Zeichnung dazu an. Nun braucht sie noch die entsprechenden Werte. Paul und Emma fertigen zwei gleich große Stöcke mit einer Länge von jeweils 1,5 m an und peilen damit die Felsenspitze an. Nun wird gemessen: Der Abstand der beiden Peilstäbe beträgt 3 m. Paul liegt 0,75 cm hinter seinem Peilstab und Emma 50 cm hinter ihrem.**

a) Trage die fehlenden Werte in die Skizze ein.

b) Berechne die Höhe des Berges.

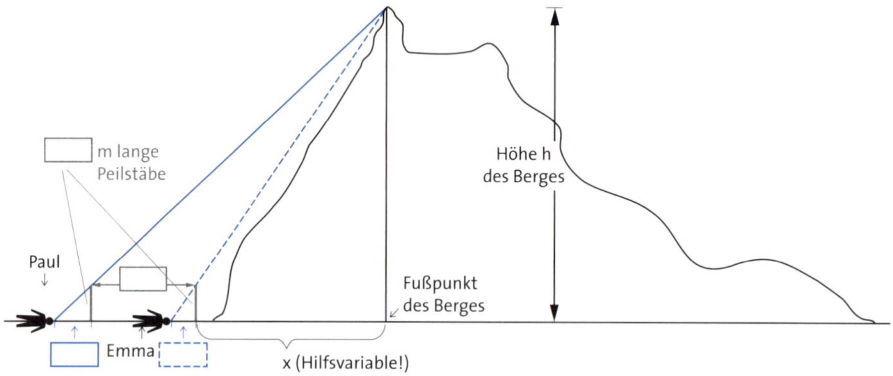

14 **Drei Bäume, die auf einem Gartengrundstück stehen, werfen Schatten von 3,8 m; 5,2 m und 8 m. Wie hoch sind diese Bäume, wenn der Schatten des 1,80 m großen Eigentümers zur gleichen Zeit etwa 1,50 m lang ist? Fertige eine Skizze an und berechne die Baumhöhen.**

15 **Die Entfernung des Mondes von der Erde beträgt etwa 60 Erdradien ($R_E \approx 6370$ km). Erläutere, wie man mithilfe einer Murmel oder dergleichen den Monddurchmesser näherungsweise bestimmen kann.**

16 **Um z. B. den Durchmesser von kleinen Öffnungen zu messen, benutzt man einen Messkeil. Gib den Durchmesser des Zylinders an.**

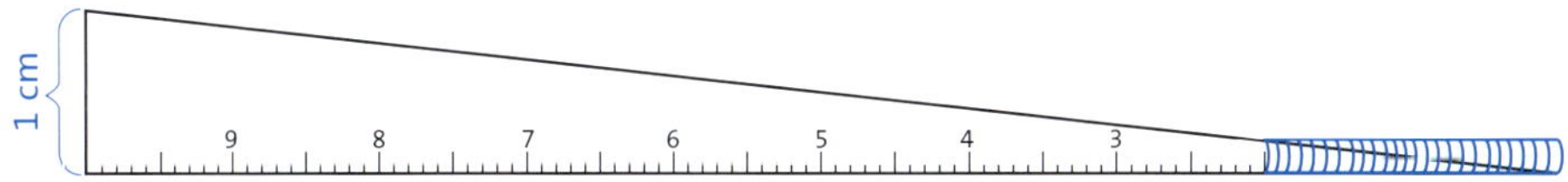

17 **Ermittle die Breite eines Flusses.**

a) Bekannt sind die Längen $\overline{BC} = 44$ m, $\overline{CD} = 16{,}5$ m und $\overline{DE} = 21$ m.

b) Man wählt C und D nach Möglichkeit so, dass $\overline{BC} : \overline{CD} = 1 : 1$ ist (oder 2 : 1 oder 4 : 1). Warum ist das vorteilhaft?

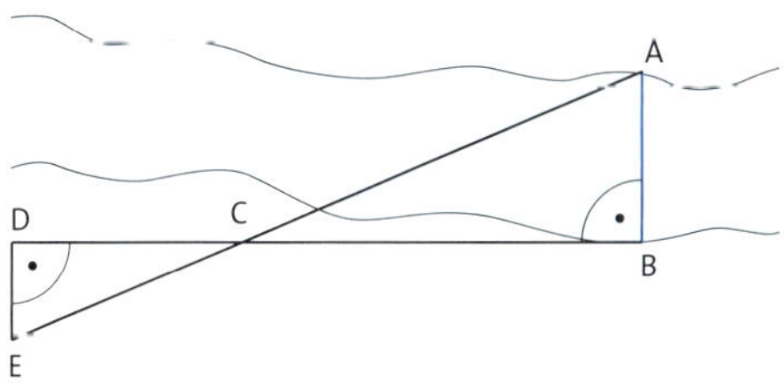

18 **Karim möchte die Höhe eines Sendemastes bestimmen. Dazu nutzt er die Sonne und die Länge der Schatten aus. Karim steckt direkt neben den Mast einen Stab, der 2 m hoch ist. Dann misst er die Schatten von Turm und Stab aus (siehe Zeichnung). Berechne mithilfe der Zeichnung die Höhe des Turmes.**

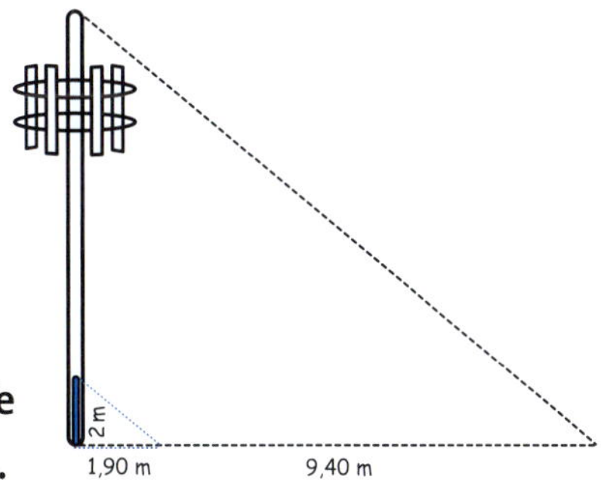

Zentrische Streckung und Ähnlichkeit

Figuren sind **ähnlich,** wenn sie in der Form übereinstimmen.

Bei der **zentrischen Streckung** wird die Figur um den **Streckfaktor k** verkleinert oder vergrößert. Die zentrische Streckung ist eine Ähnlichkeitsabbildung, d.h., Figur und Bildfigur sind ähnlich.

19 Ein Rechteck ABCD hat die Seitenlängen a = 4,2 cm und b = 2,5 cm. Bei einem zweiten Rechteck RSTU beträgt der Flächeninhalt 94,5 cm², eine Seite ist 7,5 cm lang. Sind die beiden Rechtecke ähnlich? Begründe deine Antwort.

20 Die Kantenlängen einer Streichholzschachtel betragen 5,3 cm; 3,6 cm und 1,5 cm. (Hinweis: Bei der zentrischen Streckung von Körpern gilt: $V' = k^3 \cdot V$.)

a) Wie lang sind die Kanten einer Schachtel, die das 27-fache Fassungsvermögen ($k^3 = 27$) besitzt?

b) Das Wievielfache an Kartonfläche benötigt man zur Herstellung der größeren Schachtel im Vergleich zur kleineren Schachtel?

21 Das Format des Negativs eines Films beträgt 24 mm × 36 mm. Von dem Film werden Fotos in Form von Abzügen auf Papier mit folgenden Formaten hergestellt. Bestimme jeweils den Vergrößerungsfaktor k zwischen Negativ und Papierabzug. (Hinweis: Solche Negativfilme werden für die Fotografie mit nicht-digitalen Kameras benötigt.)

a) 18 cm × 27 cm

b) 20 cm × 30 cm

c) 30 cm × 45 cm

22 In einem Rechteck ist die kürzere Seite 3,2 cm lang. Der Flächeninhalt beträgt 19,2 cm². In der Bildfigur ist die kürzere Seite 16 cm lang. Wie lang ist die andere Seite in der Bildfigur?

4.3 Dreiecke

Umfang und Flächeninhalt

Der **Flächeninhalt** eines Dreieckes ist das Produkt aus einer Seitenlänge und der dazugehörigen Höhe, dividiert durch 2: $A = \frac{g \cdot h_g}{2}$.

Welche Seite man für die Berechnung als Grundseite g wählt, ist gleichgültig.

Der **Umfang** eines Dreiecks ergibt sich als Summe der Längen der einzelnen Seiten des Dreiecks.

23 In einem 36 cm^2 großen rechtwinkligen Dreieck ist die Kathete a (Schenkel des rechten Winkels) 7,2 cm lang. Wie lang ist die andere Kathete b?

24 Von einem Feld wurden 21,2 t Kartoffeln geerntet. Das Feld ist dreieckig, eine Seite ist 160 m lang, die gegenüberliegende Ecke ist 120 m von dieser Strecke entfernt.

a) Entwirf eine Skizze.

b) Berechne den Flächeninhalt.

c) Berechne den Ertrag pro Hektar.

Sätze für Dreiecke

Dreiecksungleichung: Die Summe der Längen zweier Seiten ist immer größer als die Länge der dritten Seite.

Innenwinkelsatz: In jedem Dreieck beträgt die Summe der Innenwinkel 180°.

Basiswinkelsatz: In jedem **gleichschenkligen** Dreieck sind die Basiswinkel gleich groß.

Außenwinkelsätze:
1. Die Summe aller sechs Außenwinkel eines Dreiecks beträgt 720°.
2. Jeder Außenwinkel eines Dreiecks ist so groß wie die Summe der nicht anliegenden Innenwinkel.

25 **In einem Dreieck ist der zweite Winkel eineinhalb- und der dritte dreieinhalbmal so groß wie der erste. Die Seite c ist mit 8 cm die längste. Berechne alle Innenwinkel α, β und γ.**

26 **Das Dreieck hat den Umfang 30 cm. Eine Seite ist 2 cm länger als die zweite und 5 cm kürzer als die dritte Seite.
Wie lang sind die drei Seiten?**

27 **Die Innenwinkel α, β, γ eines Dreiecks verhalten sich wie folgt: $\alpha : \beta : \gamma = 2 : 3 : 5$. Wie groß sind die Außenwinkel dieses Dreiecks ABC?**

28 **Die Summe zweier Außenwinkel eines Dreiecks betrage 237°.
Wie groß ist der Innenwinkel, der keinem der beiden Außenwinkel anliegt?**

29 **In einem gleichschenkligen Dreieck mit den Basiswinkeln α und β ist γ um 30° größer als α. Wie groß sind die Winkel?**

Inkreis und Umkreis

Die **Winkelhalbierenden** eines Dreiecks schneiden sich im Mittelpunkt des Inkreises.

Die **Mittelsenkrechten** eines Dreiecks schneiden sich im Mittelpunkt des Umkreises.

30 Die Einsteinstraße, die Curiestraße und die Röntgenallee sind wichtige Verkehrsstraßen in Bertenbach. Wo muss die neue Feuerwehrstation liegen, wenn sie zu den drei Straßen gleichen Abstand haben soll, damit alle drei gleich schnell erreichbar sind? Gliedere das Problem in Einzelschritte und zeichne.

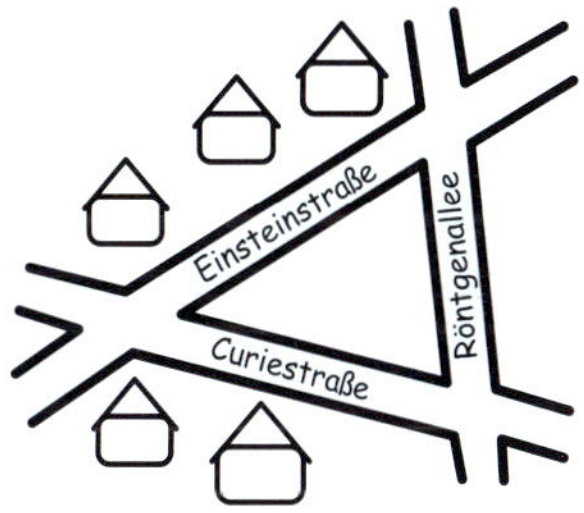

Satz des Pythagoras

In einem rechtwinkligen Dreieck ABC ist der Flächeninhalt des Quadrates über der Hypotenuse gleich der Summe der Flächeninhalte der Quadrate über den Katheten: $c^2 = a^2 + b^2$.

Beispiel: Ist eine Kathete 4 cm und die zweite 3 cm lang, beträgt die Länge der Hypotenuse c = 5 cm. Es gilt nach dem Satz des Pythagoras nämlich:
$c^2 = 3^2 + 4^2 = 9 + 16 = 25$

31 **Eine 4,20 m lange Leiter wird an eine Hauswand gelehnt. Die Leiter steht am Boden 1,40 m von der Wand entfernt. In welcher Höhe berührt die Leiter die Wand?**

32 **Aus einem kreisförmigen Baumstamm soll ein Balken mit quadratischem Querschnitt so herausgeschnitten werden, dass eine möglichst große Querschnittsfläche entsteht. Bestimme die Größe der Quadratfläche. Der Umfang des Baumes wurde zu 1,73 m gemessen.**

33 **Ein Würfel soll in zwei Teile geschnitten werden, und zwar so, dass die Schnittfläche sowohl die Raum- als auch die Flächendiagonale enthält. Wie lang ist die Raumdiagonale, wie lang die Flächendiagonale und wie groß ist der Flächeninhalt der Schnittfläche, wenn gilt: a = 5 cm?**

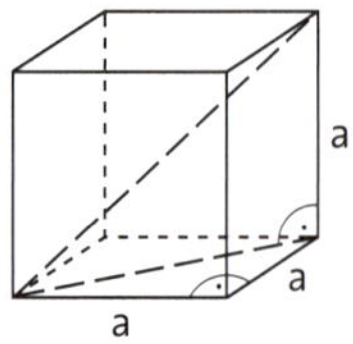

34 **Die Diagonale eines Quadrats ist 17,68 cm lang. Berechne Umfang U und Flächeninhalt A dieses Quadrats.**

35 **Bei einem Rechteck mit einem Umfang von 32 cm ist die eine Seite 3 cm länger als die andere. Gib den Flächeninhalt A und die Länge der Diagonalen d dieses Rechtecks an.**

36 **Reiseflugzeuge fliegen durchschnittlich 10 km hoch. Wie weit kann man, vorausgesetzt, es herrscht klare Sicht, aus dieser Höhe bis zum Horizont sehen? (Hinweis: Durchdenke das Problem gründlich und fertige eine Skizze an. Der Erdradius beträgt etwa 6370 km.)**

37 **Zwei Pfähle haben einen Abstand von 4,10 m. Zwischen den Pfählen wird eine Wäscheleine straff gespannt. Die Leine senkt sich, wenn in der Mitte ein nasses Wäschestück mit einem Bügel aufgehängt wird.**

a) Um wie viel Zentimeter dehnt sich die Leine aus, wenn das Wäschestück sich um 18 cm senkt?

b) Die Wäscheleine ist um 9,5 % dehnbar. Wie weit kann sie sich in der Mitte senken, ohne zu reißen?

38 **Berechne den Umfang und den Flächeninhalt einer Raute, deren Diagonalen 6,5 cm und 3,9 cm lang sind.**

39 **Aus einem Baumstamm soll ein Balken mit den Maßen wie in der Zeichnung angegeben geschnitten werden.**

a) Wie groß muss der Durchmesser d mindestens sein?

b) Berechne den Durchmesser für einen quadratischen Balkenquerschnitt von 12 cm · 12 cm.

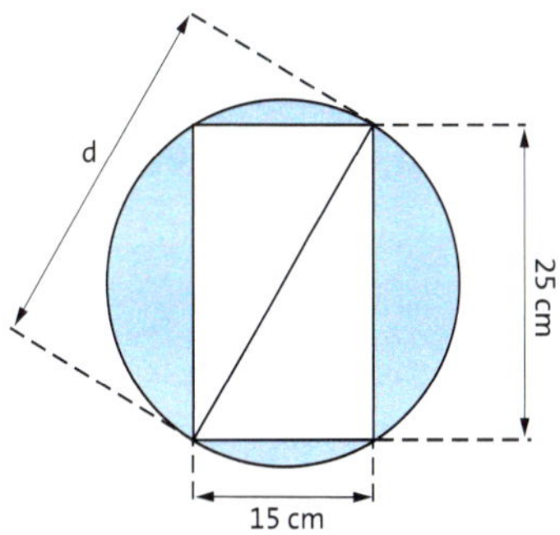

Trigonometrie

Stimmen **rechtwinklige Dreiecke** im Winkel α überein, haben auch die folgenden Quotienten dieselben Werte:

$\sin\alpha = \frac{a}{c}$; $\cos\alpha = \frac{b}{c}$; $\tan\alpha = \frac{a}{b}$;

a = Länge der Gegenkathete von α, b = Länge der Ankathete von α, c = Länge der Hypotenuse; sin steht für **Sinus,** cos für **Kosinus,** tan für **Tangens.**

40 **Eine Treppenstufe ist 28,5 cm tief und 16 cm hoch. Wie groß ist der Neigungswinkel des Treppengeländers?**

41 **Die Dachsparren eines Rohbaus stehen an der Dachtraufe 45 cm über. Berechne die Größe des Neigungswinkels α und die Breite x des Giebels.**

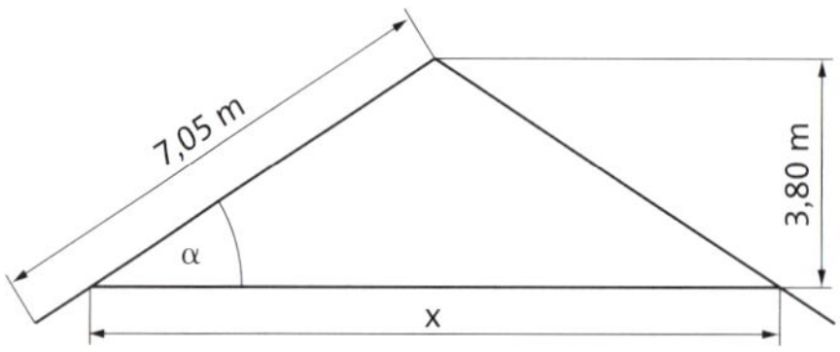

42 **Jürgen ist ein begeisterter Gleitsegler. Er startet aus einer Höhe von 85 m und gleitet mit seinem Gleitsegel ohne Aufwind in einem Gleitwinkel von ca. 7° abwärts. Gib seine Flugweite und seine Gleitstrecke an.**

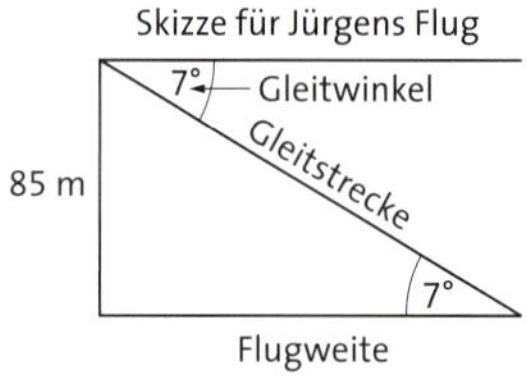

43 **Die Spitze eines 50 m entfernten Turmes wird unter dem Höhenwinkel 30° gesehen. Fertige hierzu eine Skizze an. Wie hoch ist der Turm?**

44 Durch einen Berg wird ein geradliniger Tunnel gegraben. Jonas steht vor dem Berg und kann den Anfang und das Ende des Tunnels sehen. Jonas und Anfang und Ende des Tunnels bilden die Eckpunkte eines rechtwinkligen Dreiecks, der rechte Winkel liegt bei Jonas. Der Tunnelanfang ist 6,5 km von Jonas entfernt; die Strecke zwischen Jonas und dem Tunnelende bildet mit dem Tunnel einen Winkel von 33°. Wie lang ist der Tunnel?

45 Der Gleitsegler Jürgen aus Übung 42 gleitet mit einem Gleitwinkel von 6°. Seine Flugweite beträgt 692 m. Aus welcher Höhe ist er gestartet? Gib seine Gleitstrecke an. (Tipp: Fertige zunächst eine Skizze an.)

46 Michael soll die Luftlinienentfernung zwischen Ahausen und Witzighausen bestimmen. Zwischen den beiden Ortschaften liegt jedoch ein Berg. Um die Entfernung dennoch bestimmen zu können, markiert er den Punkt C und führt Messungen durch, deren Ergebnisse auf der Abbildung schon eingetragen wurden. Kann Michael jetzt die Luftlinienentfernung berechnen?

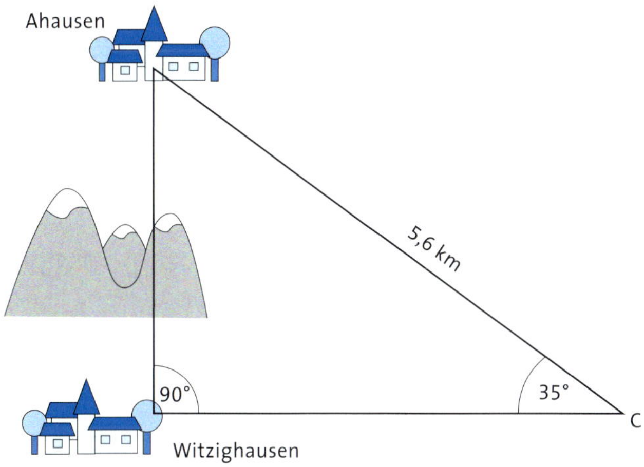

4.4 Vierecke

Rechtecke

Der **Flächeninhalt** A eines Rechteckes mit den Seitenlängen a und b ist das Produkt dieser Seitenlängen: $A = a \cdot b$.
Einen Spezialfall bildet das **Quadrat** mit vier gleich langen Seiten:
$A = a \cdot a = a^2$.

Den **Umfang** eines Rechtecks erhält man durch Addition aller Seitenlängen:
$U = a + b + a + b = 2 \cdot a + 2 \cdot b$.
Einen Spezialfall bildet das **Quadrat** mit vier gleich langen Seiten:
$U = a + a + a + a = 4 \cdot a$

Beispiel: Ein Rechteck mit den Seitenlängen 3 cm und 5 cm hat einen Flächeninhalt von $3\,cm \cdot 5\,cm = 15\,cm^2$ und einen Umfang von $2 \cdot 3\,cm + 2 \cdot 5\,cm = 16\,cm$.

47 **Eine Rolle Aluminiumfolie trägt die Aufschrift 29 cm × 50 m. Wie groß ist die Fläche, die man mit dieser Folie bedecken könnte?**

48 **Herr Löhr verkauft ein 18 m breites und 27 m langes Grundstück zu einem Quadratmeterpreis von 162 €. Welchen Preis erzielt er?**

49 **Bauer Hoppe legt eine neue Weidefläche an. Sie ist 140 m lang und 56 m breit. Welche Fläche steht seinen Schafen damit zur Verfügung? Wie lang muss ein Zaun sein, um die neue Weidefläche einzuzäunen?**

50 **Familie Grün legt eine neue Terrasse an. Sie soll 8 m lang und 5 m breit werden. Herr Grün hat quadratische Platten mit einer Seitenlänge von 50 cm eingekauft. Wie viele Platten werden benötigt? Die Terrasse soll mit Kantensteinen eingefasst werden, die jeweils 1 m lang sind. Wie viele dieser Kantensteine muss Herr Grün besorgen?**

51 **Frau Otte möchte für ihren Esszimmertisch eine neue Tischdecke nähen. Der Tisch ist 90 cm breit und 1,75 m lang.**

a) Die neue Tischdecke soll an jeder Seite 20 cm herunterhängen. Wie viel Quadratmeter Stoff muss Frau Otte einkaufen?

b) Die Tischdecke soll mit einer Borte (gemustertes Band) eingefasst werden. Wie lang muss das gesamte Band sein?

52 **Vierspurige Autobahnen sind etwa 35 m breit, eine zweispurige Bahntrasse hat eine Breite von etwa 14 m.**

a) Wie viel Hektar Wald müssen jeweils gerodet werden, um eine 22 km lange Autobahn bzw. eine ebenso lange Bahnstrecke durch einen Wald zu legen?

b) Um welchen Faktor ist der Platzbedarf einer Autobahn höher?

c) Für das Autobahnstück wird für Ausfahrten, Anschlussstraßen, Parkplätze und Raststätten eine zusätzliche Fläche von 1540 a benötigt. In welchem Verhältnis stehen die beiden Flächengrößen für Autobahn und Bahngleise, wenn man diesen zusätzlichen Bedarf berücksichtigt?

53 **Frau Horstmann möchte ihren Gartenzaun neu streichen. Die 9 rechteckigen Holzelemente sind jeweils 3 m breit und 250 cm hoch. Sie müssen von beiden Seiten gestrichen werden.**

a) Wie viele Dosen Farbe muss Frau Horstmann einkaufen, wenn der Inhalt einer Dose laut Aufschrift für eine Fläche von 6 m^2 ausreichend ist?

b) Die Einrahmungen der einzelnen Zaunelemente sind stark verwittert und sollen alle erneuert werden. Wie viel Meter Holzleisten werden benötigt, wenn diese an allen vier Seiten erneuert werden?

54 **Noah möchte eine Wand seines Zimmers vollständig mit seiner Bierdeckelsammlung „tapezieren". Die Zimmerwand ist 3,45 m lang und 2,52 m hoch. Die quadratischen Bierdeckel haben eine Seitenlänge von 93 mm. Die abgerundeten Ecken werden hier nicht beachtet. Noah hat bereits 888 solcher Bierdeckel gesammelt. Reichen sie aus, um die Wandfläche vollständig zu bedecken? Falls nicht, berechne, wie groß die unbedeckte Fläche ist und wie viele Bierdeckel Noah noch sammeln muss. (Tipp: Lass dich nicht beirren, die Aufgabe „geht nicht glatt auf".)**

55 **Vor der Vereinheitlichung der Maßeinheiten wurde als Flächenmaß häufig 1 Morgen verwendet. Dies sollte der Fläche entsprechen, die man mit einem Ochsen an einem Vormittag pflügen konnte. Verständlicherweise kam es dabei zu sehr unterschiedlichen Flächengrößen für 1 Morgen. Die Flächen reichten (in heutigen Flächeneinheiten gemessen) von 25 a bis zu 1,22 ha.**
Ein Bauer besaß 3 Morgen Land. Wie lang war sein 120 m breites Feld mindestens und wie lang war es höchstens, wenn man die verschiedenen Definitionen für 1 Morgen zugrunde legt? (Tipp: 1 a = 10 m · 10 m, 1 ha = 100 a)

56 **Peter will sein Zimmer neu streichen. Hilf ihm beim Rechnen!**
„Mein Zimmer ist 3 m breit und 4 m lang. Ich brauche Farbe für die Decke und für die Wände. Die Wände sind 3 m hoch. Im Eimer ist Farbe für 50 m^2. Meinst du, das reicht?"

57 Ein Heimwerker legt eine rechteckige Terrasse, die 6 m lang und 3 m breit ist, mit Platten aus.

a) Wie groß ist die Terrasse?

b) Ein Quadratmeter Platten wiegt 35 kg. Wie viel wiegt der gesamte Plattenbelag der Terrasse?

c) Er verwendet quadratische Platten mit einer Seitenlänge von 50 cm. Wie viele Platten braucht er? (Tipp: Fertige eine Skizze an.)

58 Der Jugendclub „Treff e. V.“ bekommt zu seinem Grundstück ein bisher nicht genutztes Nachbargrundstück hinzu. Die Jugendlichen erhalten zu ihrem 25 m breiten und 48 m langen Gelände noch 460 m² hinzu. Wie breit ist das Grundstück jetzt, wenn sich an der Länge nichts geändert hat?

59 Für den Bau einer Bushaltestelle müssen Joachim und Nicole einen 12 m breiten Streifen ihres Grundstücks an die Gemeinde verkaufen.

a) Wie viel müsste die Gemeinde an die beiden zahlen, wenn sie 69 € pro Quadratmeter berechnen?

b) Nicole möchte lieber ein gleich großes Ersatzgrundstück. Die Gemeinde bietet ihnen einen flächeninhaltsgleichen Streifen im Anschluss an das eigene Grundstück an (siehe Skizze). Wie breit muss dieses Grundstück sein?

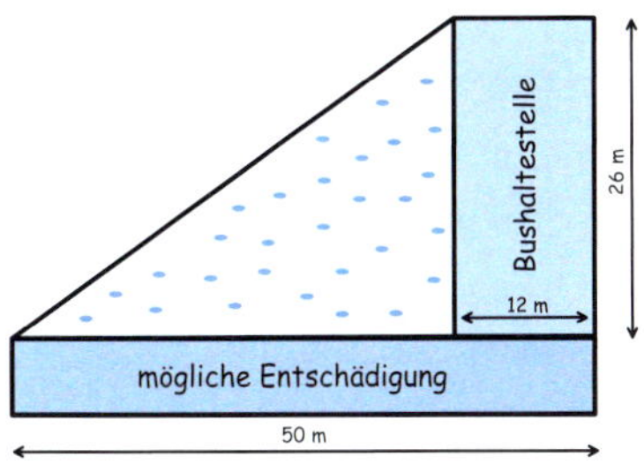

Allgemeine und spezielle Vierecke

Für spezielle Vierecke gibt es Formeln, um den Flächeninhalt zu berechnen:

Trapez

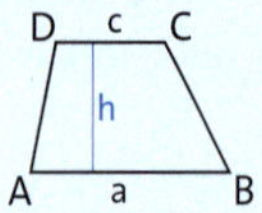

$A = \frac{a+c}{2} \cdot h$

Parallelogramm

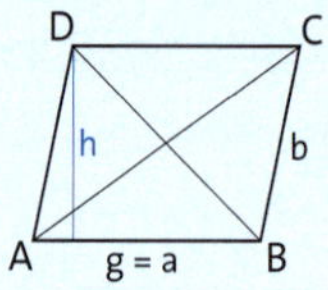

$A = g \cdot h$

Allgemeine Vierecke müssen zur Flächenberechnung in geeignete Teilflächen zerlegt werden.

60 **Ein Damm soll gebaut werden. Es ist bekannt: Dammsohle 16 m, Dammkrone 5 m, Dammhöhe 4,7 m (siehe Abbildung). Konstruiere die Schnittfläche in einem geeigneten Maßstab. (Hinweis: Die Höhe soll im Mittelpunkt der Sohle, senkrecht auf der Sohle eingezeichnet werden.)**
Wie groß ist die Querschnittsfläche des Damms?

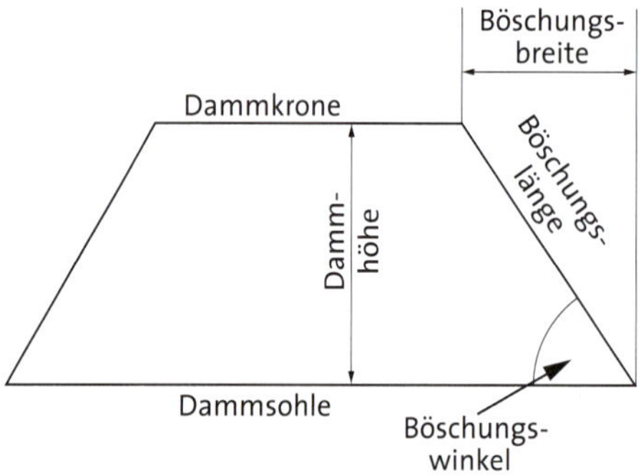

61 **Ein Parallelogramm mit den Seitenlängen a und b hat einen Umfang von 17,8 cm. Die Seite a ist um 1 cm länger als b.**

a) Wie groß sind a und b?

b) Wie groß ist die Fläche des Parallelogramms, wenn die Höhe auf a 2,3 cm (4,6 cm) beträgt?

62 Die Zeichnung zeigt den Grundriss eines Gartens im Maßstab 1:1000.

a) Berechne den Flächeninhalt des Grundstücks. (Tipp: Teile das Viereck in zwei Teile und berechne die Flächen der Teildreiecke.)

b) Das Grundstück wird mit einem Zaun versehen. Wie lang ist dieser?

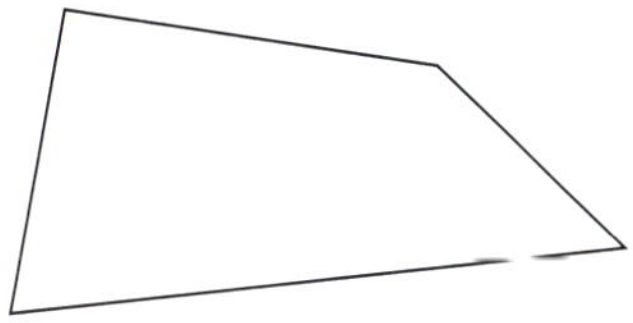

63 Manfred hat ein Grundstück in Koblenz gekauft (siehe Abbildung).

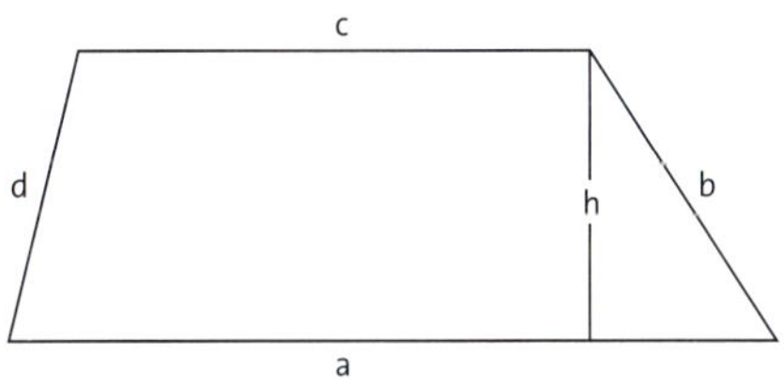

a = ____________

b = 92 m

c = 197 m

d = 63 m

h = 70 m

A = 14 315 m^2

a) Berechne die lange Seite a des Grundstücks.

b) Wie viel Meter Zaun muss Manfred kaufen, wenn er das gesamte Grundstück einzäunen möchte?

c) Manfred hat sich einen verzinkten Zaun ausgesucht, der pro laufendem Meter 28,50 € kostet. Wie viel müsste er für diesen Zaun bezahlen?

4.5 Kreise

Kreise und Kreisumfang

Alle Punkte, die von einem Punkt M den gleichen Abstand r haben, liegen auf einem Kreis. r heißt **Radius** des Kreises.

Den **Umfang** U des Kreises berechnet man mithilfe der **Kreiszahl** π:
$U = 2 \cdot \pi \cdot r$; $\pi \approx 3{,}142$.

64 **Der Hund Lucky ist an einer 5 m langen Leine an einem Pfahl P angebunden.**

a) Der Briefträger denkt sich: „Wenn du den Hund liegen siehst, musst du von dieser Stelle nur mindestens 5 m Abstand halten, dann kann dir nichts passieren.“ Hat er recht? (Tipp: Skizziere verschiedene Möglichkeiten.)

b) Nun hat sein Herrchen für Lucky etwas Neues konstruiert: Die Leine endet in einem Ring, der an einer 8 m langen Stange entlang gleiten kann. Zeichne den Bereich, in dem sich Lucky jetzt bewegen kann. Genügen nun 10 m Sicherheitsabstand von Luckys Aufenthaltsort?

65 **Eine Firma entwickelt ein neues elektrisches Spielzeug. Darin soll ein Elektromotor über ein Antriebsrad (eine kreisförmige Antriebsscheibe) den Schieber S bewegen.**

a) Wie weit kann sich der Schieber maximal hin- und herbewegen? (In der Abbildung sind zwei Positionen des Schiebers gezeichnet.)

b) Das Antriebsrad soll mit Gummi ummantelt werden. Wie lang muss der Gummistreifen sein, der aufgeklebt wird?

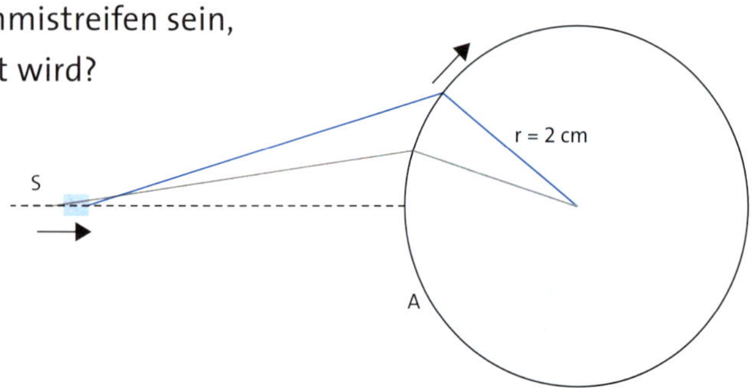

Kreisumfang und Kreisfläche

Der **Flächeninhalt** A eines Kreises ergibt sich aus: $A = \pi \cdot r^2$.
Kreisumfang (↑ S. 90)

66 Um die Erde wird ein Band am Äquator fest anliegend gespannt. Passt eine Maus zwischen Erde und Band hindurch, wenn man das Band um 1 m verlängert und überall im gleichen Abstand um die Erde legt? Der Erdradius beträgt ungefähr 6370 km.

67 Löse die beiden Aufgaben zum Fahrrad.

a) Wie viele Umdrehungen macht das Vorderrad deines Fahrrades, wenn du bei einer Radtour eine Strecke von 17,8 km zurücklegst? Beschreibe, wie du diese Aufgabe löst.

b) Dein Vater hat ein Herrenrad mit 28"-Rädern. Stell dir vor, bei einer Radwanderung legen deine Eltern etwa 28 km zurück. Wie oft haben sich die Räder des Fahrrades deines Vaters gedreht? (Hinweis: 28" bedeutet 28 Zoll; 1 Zoll = 2,54 cm.)

68 In der Abbildung siehst du die Maße einer Tischplatte.

a) Berechne die Tischfläche.

b) Beim Eindecken für eine Festtafel rechnet man etwa 75 cm Platz pro Person. Für wie viele Gäste kann an diesem Tisch eingedeckt werden?

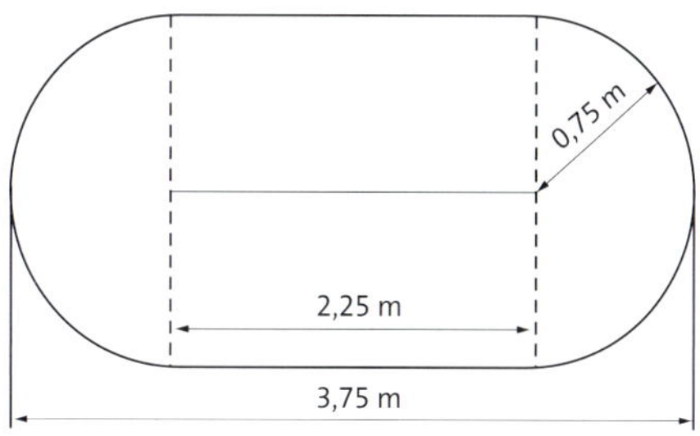

69 **Der Durchmesser des Rades eines Motorrades beträgt 70,4 cm. In 5 Minuten dreht sich ein Rad 3205-mal. Wie groß ist die Geschwindigkeit des Fahrzeugs?**

70 **Der äußere Umfang eines Kreisringes beträgt 7,54 m, der Flächeninhalt beträgt 2,51 m². Berechne den inneren und den äußeren Radius des Kreisringes.**

71 **Bei einer Rathausuhr ist der große Zeiger 1,2 m lang, der kleine 0,95 m. Das Ziffernblatt hat einen Durchmesser von 3 m.**

a) Welchen Weg legen die Spitzen der Zeiger an einem Tag zurück?

b) Wie groß ist der Flächeninhalt des Ziffernblattes?

72 **Ein Tunneldurchbruch hat ursprünglich die Form eines Kreisrings, der innere Durchmesser beträgt 6,4 m. Die Wanddicke der Betonverkleidung beträgt 1,3 m. Wie viel Kubikmeter Beton werden pro laufendem Meter verarbeitet? (Tipp: Die Tunnelwand stellt einen Hohlzylinder dar; zur Volumenberechnung ↑ S. 98.)**

73 **Ein Kreisring ist 10 cm breit und hat einen Flächeninhalt von 500 cm². Wie groß ist der Radius des inneren bzw. des äußeren Kreises?**

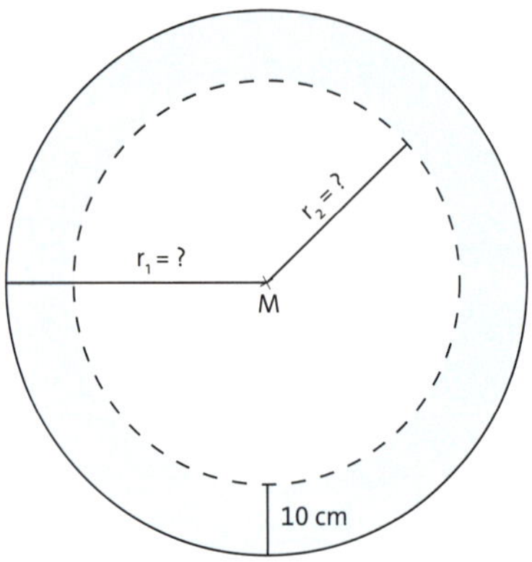

74 **Der Flächeninhalt eines Kreises beträgt 52,5 cm². Berechne den Umfang des Kreises.**

75 Der Äquator eines kugelförmigen Planeten hat eine Länge von ca. 40 054,7 km. Berechne den Radius des Planeten.

76 Ein rundes Zirkuszelt hat den Durchmesser 20 m. Die runde Manege, die sich genau im Zentrum des Zeltes befindet, hat den Radius 6,5 m. Berechne die Fläche, die für die Sitzreihen der Zuschauer zur Verfügung steht.

77 Um eine kreisförmige Rasenfläche mit dem Radius 6 m soll ein ringförmiges Blumenbeet von 88 m^2 Inhalt angelegt werden. Wie breit kann das Blumenbeet werden?

78 Aus einem 50 cm × 60 cm großen Blechbogen sollen so viele Kreise wie möglich mit je 10 cm Durchmesser ausgestanzt werden. Wie groß ist der Verschnitt?

79 In der Mitte eines Verkehrskreisels soll ein rundes Beet mit 12 m Durchmesser angelegt werden. Auf dem einbeschriebenen Quadrat soll Rasen entstehen, die restliche Fläche soll mit Blumen bestückt werden. Rollrasen kostet pro Quadratmeter 15 €, Beetblumen kosten 35 € pro Quadratmeter. Berechne die Kosten für die Bepflanzung des Kreisels.

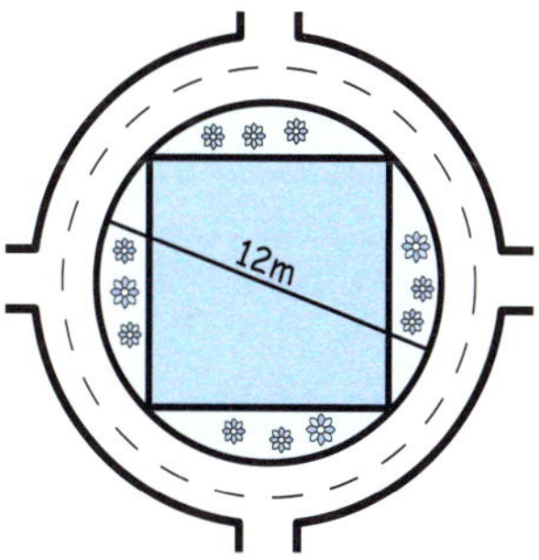

4.6 Körper

Quader

Ein Quader hat 12 Kanten, von denen jeweils 4 parallel und gleich lang sind, sodass es 3 unterschiedliche Kantenlängen gibt. Das **Volumen** eines Quaders ist das Produkt *dieser* 3 Kantenlängen: $V = a \cdot b \cdot c$.

Ein Quader hat 6 Seiten, von denen jeweils 2 parallel und gleich groß sind. Den **Oberflächeninhalt** eines Quaders erhält man durch Addition der Flächeninhalte *aller* 6 Seiten:
$A_O = 2 \cdot a \cdot b + 2 \cdot a \cdot c + 2 \cdot b \cdot c$

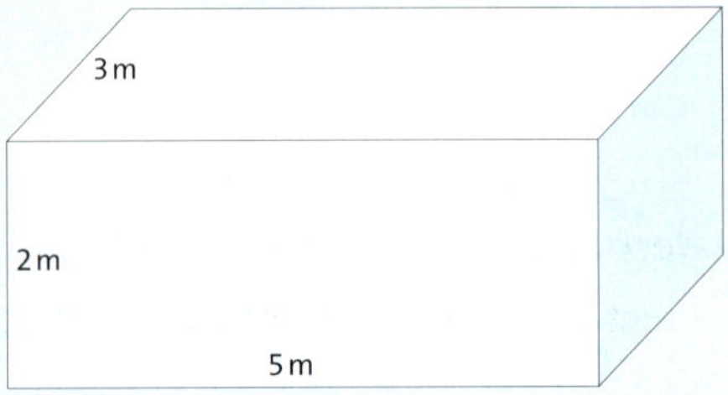

Beispiel: Das Volumen des abgebildeten Quaders ist $V = 5\,m \cdot 3\,m \cdot 2\,m = 30\,m^3$. Der Oberflächeninhalt des abgebildeten Quaders ist $A_O = 2 \cdot 5\,m \cdot 3\,m + 2 \cdot 5\,m \cdot 2\,m + 2 \cdot 3\,m \cdot 2\,m = 62\,m^2$.

80 **Auf einem Werksgelände soll ein quaderförmiges Löschbecken angelegt werden, das 630 000 Liter Wasser fasst. Das Grundstück, das zur Verfügung steht, ist 15 m lang und 12 m breit. Wie tief muss das Becken (mindestens) sein?**

81 **Herr Lehmann möchte sein Grundstück mit einer Mauer umgeben. Sie soll 17 m lang, 25 cm dick und 1,2 m hoch werden. Beim Baustoffhändler findet Herr Lehmann Kalksandsteine mit den Maßen 24 cm × 12,5 cm × 12 cm (Länge × Breite × Höhe). Wie viele Steine soll er bestellen?**

82 **Ein quaderförmiger Fischteich mit den Maßen 3 m × 2 m × 1,5 m soll neu gestrichen werden. Wie viele 10-Liter-Eimer muss man füllen, wenn man den randvoll gefüllten Teich leeren will? Wie groß ist die Fläche, die gestrichen werden muss?**

83 Bei Renovierungsarbeiten soll ein Durchbruch in eine tragende Wand geschlagen werden. Dazu muss zuvor zum Abstützen ein Stahlträger in die Wand eingelassen werden. Er ist 5 m lang. Der Querschnitt des Trägers hat die Form eines liegenden „H" – die Platten oben und unten sind 15 cm breit und 2 cm hoch; der senkrechte Steg zwischen diesen ist 8 cm hoch und 2 cm dick. 1 cm^3 Stahl wiegt 7,8 g. Kann der Stahlträger noch ohne Kran gehoben werden?

84 Gregor möchte für seinen Freund Tim eine originelle Geschenkverpackung basteln. Dazu wählt er geeignete Seiten aus Zeitschriften aus, die er auf die 6 Seiten eines Schuhkartons klebt, der 30 cm lang, 18 cm breit und 11 cm hoch ist. Der Rand des Kartondeckels ist ferner 2 cm hoch. Wie viele Seiten der Zeitschrift benötigt er mindestens, wenn die Zeitungsseiten 20 cm breit und 30 cm hoch sind?

85 Ein blau gestrichener Holzwürfel von 3 m Kantenlänge wird in 27 Würfel mit 1 m Kantenlänge zersägt. Beim Zersägen entstehen also kleine Würfel, deren Flächen nicht alle gestrichen sind. Wie groß ist die Gesamtfläche, die man nachstreichen muss, wenn auch die neuen Würfel wieder komplett blau sein sollen?

86 **Das abgebildete Blumenbeet soll mit einer 8 cm dicken Torfschicht bedeckt werden. Im Gartencenter werden Torfsäcke mit 80 Liter Inhalt angeboten. Wie viele Säcke muss man einkaufen?**

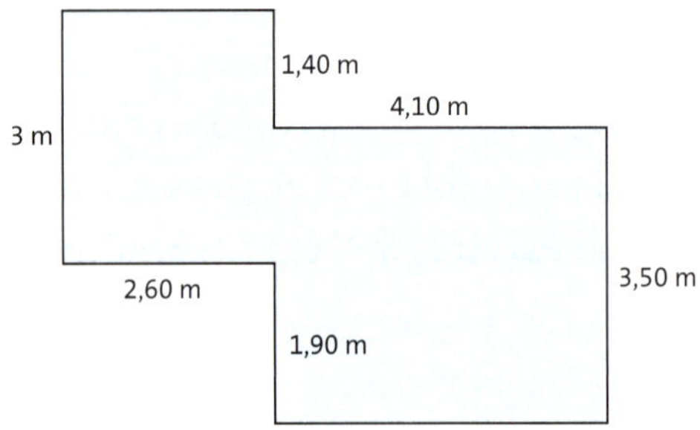

87 **Anton kauft ein 80 cm langes, 40 cm breites und 30 cm hohes Aquarium.**

a) Ein kleiner Zierfisch sollte mindestens 8 l Wasser zur Verfügung haben. Wie viele Fische kann Anton in seinem Aquarium aufnehmen, wenn er es bis 5 cm unterhalb der Oberkante befüllt?

b) Wie hoch steht das Wasser im Aquarium, wenn Anton einen ersten Eimer mit 10 l Fassungsvermögen hineingegossen hat?

c) Antons Zimmer hat eine Grundfläche von 12 m^2. Wie hoch würde das Wasser stehen, falls das Aquarium einmal komplett auslaufen würde?

d) Wie groß ist die Glasoberfläche des Aquariums, wenn der Boden aus einem anderen Material ist?

88 **Herr Sichermann lässt in sein Haus einen würfelförmigen Tresor einbauen, dessen äußere Kantenlänge 4 dm beträgt. Die Tresorwände und die Tresortür aus Stahl sind überall 3 cm dick.**

a) Welches Volumen hat die Mauerlücke, die man für den Tresor offen lassen muss?

b) Welches Volumen hat der Innenraum des Tresors?

c) Wie groß ist das Volumen des verarbeiteten Stahls?

89 **In einer Straße wird eine Gasleitung verlegt. Dazu wird ein Graben ausgehoben, der 50 m lang, 1 m breit und 2 m tief ist.**

a) Wie viele Kubikmeter Erde müssen ausgehoben werden?

b) Wie viele Tonnen sind das, wenn 1 m^3 Erde ca. 3 t wiegt?

90 **Eine Packung H-Milch hat die folgenden Abmessungen: Länge: 9 cm; Breite: 6 cm; Höhe: 19 cm. Berechne ihr Volumen und gib das Ergebnis in der Einheit „Liter" an. In der Packung soll ein Liter Milch sein. Erkläre die Abweichung.**

91 **Ein Tropfen Öl hat das Volumen 50 mm^3. Gibt man ihn auf eine Wasseroberfläche, so entsteht ein Fleck, der ungefähr 5 cm lang und 5 cm breit ist. Bereche die Höhe dieses Ölflecks.**

Prisma

Das **Volumen** eines Prismas ist gleich dem Produkt aus dem Inhalt der Grundfläche A_G und der Körperhöhe h_K: $V = A_G \cdot h_K$.
Die **Oberfläche** ergibt sich als Summe der Flächen aller Seiten.

Beispiel: Ein Prisma mit einem Dreieck als Grundfläche A_G ($g = 4\,cm$; Höhe $h = 3\,cm$) und der Körperhöhe $h_K = 8\,cm$ hat also das Volumen $V = A_G \cdot h_K = \frac{g}{2} \cdot h \cdot h_K = 6\,cm^2 \cdot 8\,cm = 48\,cm^2$.

92 **Die Futterkrippe im Stall von Bauer Poor hat eine Seitenfläche mit den angegebenen Maßen und ist 6,50 m lang. Wie viel Kubikmeter Kraftfutter kann sie fassen, wenn sie randvoll ist? (Vorsicht: Die Abbildung ist nicht maßstabsgetreu!)**

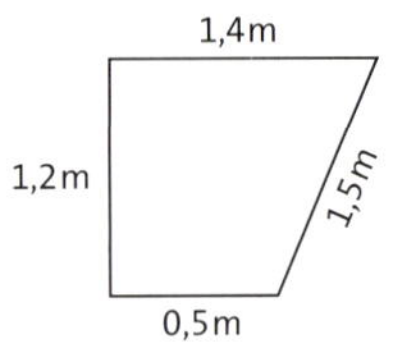

93 **Amelie will ein Vogelhaus basteln. Die Planskizze ist unten abgebildet. Wie viel Quadratzentimeter Holz verbraucht Amelie, wenn sie dieses Vogelhaus bastelt? Achte darauf, dass die Vögel auch hineinfliegen können! (Vorsicht: Die Abbildung ist nicht maßstabsgetreu!)**

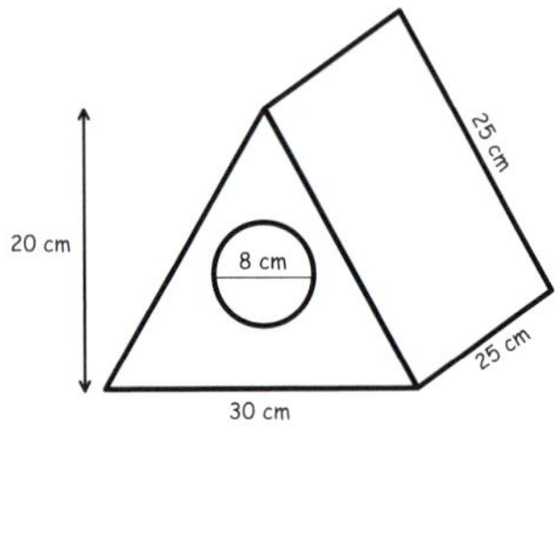

7.-8. KLASSE

94 **Familie Poor lässt von der Schreinerin eine Holzkiste anfertigen, um das Kaminholz darin unterzubringen. Wie viel Quadratmeter Holz benötigt die Schreinerin zum Bau der Kiste? (Vorsicht: Die Abbildung ist nicht maßstabsgetreu!)**

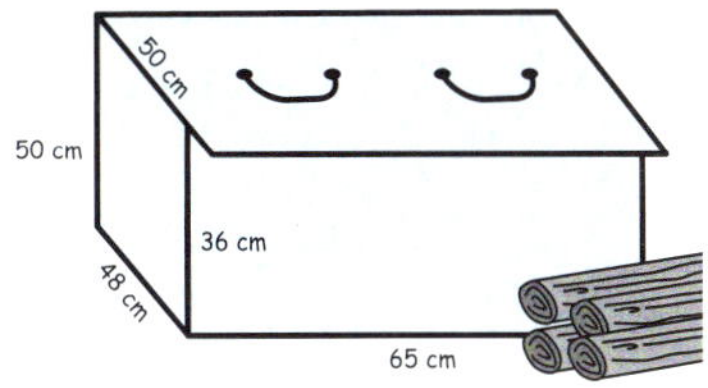

95 **Diese Schokolade wird in einer ganz besonderen Verpackung verkauft. Wie viel Quadratzentimeter Karton benötigt man für die Herstellung der Verpackung? (Vorsicht: Die Abbildung ist nicht maßstabsgetreu!)**

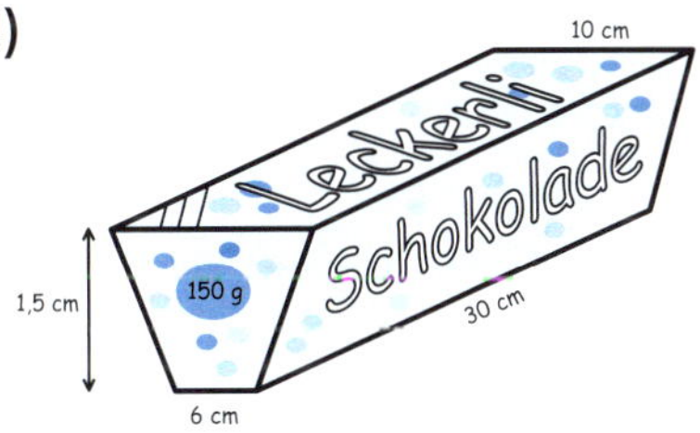

96 **Ein Blumenkübel hat die Maße wie in der Abbildung. (Vorsicht: Die Abbildung ist nicht maßstabsgetreu!)**

a) Wie viel Kunststoff (in Quadratmeter) wurde zum Bau des Kastens benötigt?

b) Wie viel Blumenerde (in Kubikdezimeter) fasst der Kübel, wenn er randvoll gefüllt wird?

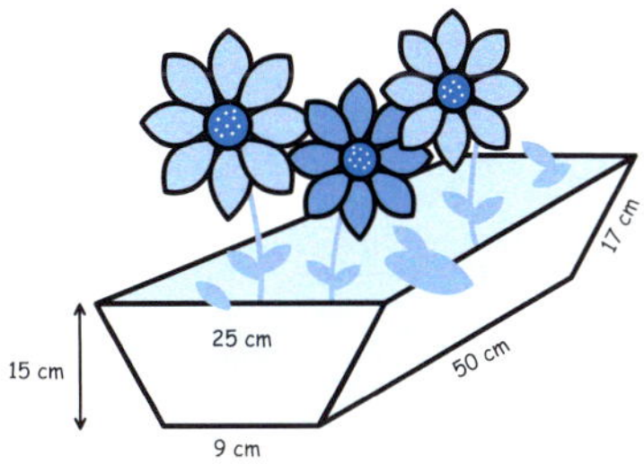

97 **Ein 20 cm langer Dreikantstab aus Eisen hat folgende Grundflächenmaße: $c = 24$ mm und $h_c = 20{,}8$ mm. Wie schwer ist der Stab? (Hinweis: Die Dichte von Eisen beträgt $\rho = 7{,}8$ g pro Kubikzentimenter.)**

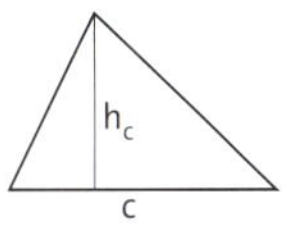

Zylinder

Ein Zylinder wird begrenzt von zwei kongruenten, zueinander parallelen Kreisflächen und einer gekrümmten Mantelfläche, die abgerollt ein Rechteck darstellt. Sein **Volumen** ist gleich dem Produkt aus dem Inhalt der Kreisfläche A_G und der Zylinderhöhe h:
$V = A_G \cdot h$, mit $A_G = \pi \cdot r^2$
Oberflächeninhalt des Zylinders: $A_O = 2A_G + A_M = 2(\pi \cdot r^2) + 2 \cdot \pi \cdot r \cdot h$

Beispiel: Für einen Zylinder der Höhe 4 m und des Radius 2 m ergibt sich:
$V = \pi \cdot (2\,m)^2 \cdot 4\,m = 12{,}57\,m^2 \cdot 4\,m = 50{,}27\,m^3$
$A_O = 2(\pi \cdot (2\,m)^2) + 2 \cdot \pi \cdot 2\,m \cdot 4\,m \approx 25{,}13\,m^2 + 50{,}27\,m^2 \approx 75{,}40\,m^2$

98 **Eine zylinderförmige Zuckerdose ist noch zu einem Drittel gefüllt. Der Durchmesser der Zuckerdose beträgt 4 cm, die Höhe 6 cm. Wie viele Löffel Zucker kann Mathias noch entnehmen, wenn ein Löffel etwa 2 cm³ fasst? (Tipp: Fertige zunächst eine Skizze an und ergänze diese um die angegebenen Daten.)**

99 **Eine Litfaßsäule hat einen Durchmesser von 1,9 m und eine Höhe von 2,9 m. Der Sockel von 40 cm Höhe soll nicht beklebt werden. Wie groß ist die zur Verfügung stehende Anschlagfläche? (Vorsicht: Die Abbildung ist nicht maßstabsgetreu!)**

100 **Ein zylinderförmiger Wassertank zum Auffangen des Regenwassers soll außen rundum (ohne Boden und ohne Deckel) neu lackiert werden. Der Durchmesser der Grundfläche beträgt 1,6 m und die Höhe 3 m. Wie viele Dosen Lack benötigt man, wenn eine Dose für 6 m² reicht? Fertige hierzu eine Skizze an.**

101 **Die Grundfläche eines 4 cm hohen Kreiszylinders hat einen Umfang von 6,4 cm. Zeichne den Mantel dieses Zylinders.**

102 **Ein Betonrohr hat einen Außendurchmesser von 48 cm und einen Innendurchmesser von 42 cm. Es ist 1 m lang. Kann man dieses Rohr alleine tragen? Überprüfe deine Vermutung anhand einer Rechnung (Dichte: $\rho = 2{,}7\,\frac{g}{cm^3}$).**

103 **Ein zylinderförmiger Behälter mit dem Durchmesser 50 cm und der Höhe 1 m wird mit 40 Litern Wasser befüllt. Wie hoch steht das Wasser im Behälter? Wie viel Prozent des Behälters sind gefüllt?**

104 **Ein Holzring hat die Form eines Hohlzylinders. Berechne das Volumen und die Oberfläche des Ringes mit $r_1 = 5$ cm, $r_2 = 8$ cm und $h = 3$ cm. Stelle auch eine Formel für die Berechnung des Volumens eines Hohlzylinders auf.**

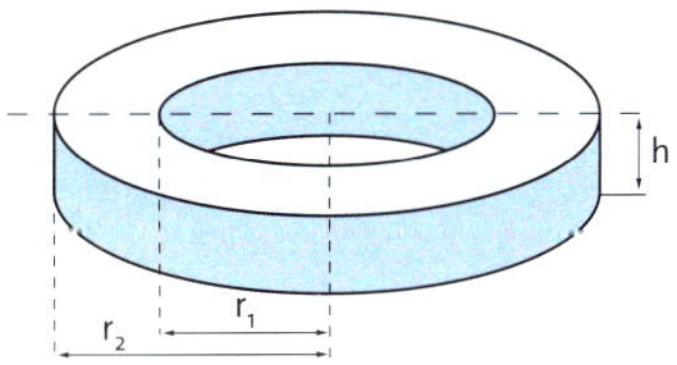

105 **Ein zylindrisches Gefäß hat einen Innendurchmesser von 150 mm, es ist 20 cm hoch. Bis zu welcher Höhe ist es gefüllt, wenn genau 2 Liter Wasser eingegossen werden?**

106 **Eine Konservendose mit dem Durchmesser 10 cm hat eine Höhe von 15 cm.**

a) Berechne das Fassungsvermögen der Dose.

b) Wie viele Quadratzentimeter Blech wurden zur Herstellung der Dose benötigt?

Pyramide und Kegel

Das **Volumen** von Pyramide und Kegel berechnet man mit: $V = \frac{1}{3} A_G \cdot h$.
Beim **Kegel** ist die Grundfläche A_G ein Kreis: $A_G = \pi \cdot r^2$.

Beispiel: Das Volumen eines Kegels mit der Höhe h = 3 cm, dessen Grundfläche den Radius r = 2 cm hat, ergibt sich damit zu:
$V_K = \frac{1}{3} A_G \cdot h = \frac{1}{3} \pi \cdot r^2 \cdot h = \frac{1}{3} \pi \cdot (2\,\text{cm})^2 \cdot 3\,\text{cm} = 12{,}56\,\text{cm}^3$.

107 **Ein kegelförmiger Sandhaufen soll abgefahren werden. Der Umfang dieses Kegels wurde durch Abschreiten auf etwa 24 m ermittelt, seine Höhe auf 2,5 m geschätzt. Wie viele Fahrten müssen gemacht werden, wenn der Lastwagen eine Tragfähigkeit von 4 t hat (1 m³ Sand wiegt 1850 kg)?**

108 **Aus dem abgebildeten Kreisausschnitt soll eine Schultüte hergestellt werden. Wie groß ist der Rauminhalt dieser 39 cm hohen Tüte? (Tipp: Den Radius der Kegelgrundfläche erhältst du, indem du zunächst die Länge des Kreisbogens bestimmst, diese stellt den Umfang der Grundfläche dar. Der Kreisbogen verhält sich zum Umfang des Vollkreises wie der zugehörige Winkel zu 360°.)**

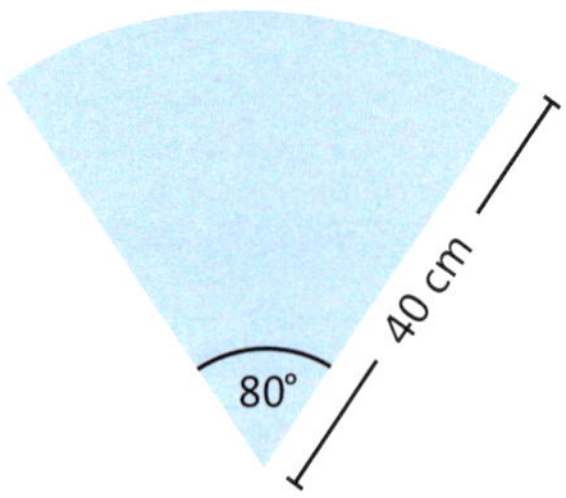

109 **Ein Cocktailglas ist bis zur halben Höhe mit leckerem Saft gefüllt. Ist das Glas (bezogen auf das Volumen) auch tatsächlich halb voll?**

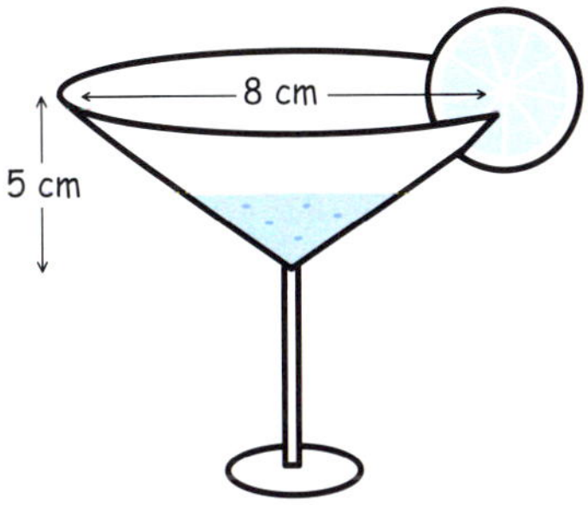

110 **Stelle zunächst die entsprechende Formel um und berechne dann.**

a) Eine quadratische Pyramide hat das Volumen $300\,cm^3$ und die Höhe 30 cm. Wie lang ist die Grundkante der Pyramide?

b) Eine quadratische Pyramide hat das Volumen $300\,cm^3$ und die Grundkantenlänge 30 cm. Wie hoch ist die Pyramide?

Kugel

Das **Volumen** einer Kugel wird berechnet mit: $V = \frac{4}{3} \cdot \pi \cdot r^3$
Den **Oberflächeninhalt** einer Kugel wird berechnet mit: $A_O = 4 \cdot \pi \cdot r^2$

Beispiel: Volumen und Oberflächeninhalt einer Kugel mit dem Radius $r = 7\,cm$ sind also $V = \frac{4}{3} \cdot \pi \cdot (7\,cm)^3 \approx 1436{,}8\,cm^3$;
$A_O = 4 \cdot \pi \cdot (7\,cm)^2 \approx 615{,}75\,cm^2$.

111 **Berechne das Volumen eines kugelförmigen aufgeblasenen Luftballons mit einem Umfang von 58 cm.**

112 **Kann man eine Kugel mit dem Durchmesser d = 1 m, die aus Kork besteht, anheben bzw. tragen? Die Dichte von Kork beträgt $0{,}27\,\frac{g}{cm^3}$.**

113 **Wir nehmen an, die Erde sei exakt kugelförmig und die Länge des Äquators betrage genau 40 000 km.**

a) Wie groß sind dann Volumen und Oberflächeninhalt der Erde?

b) Die Erdoberfläche ist zu 71 % mit Wasser bedeckt. Wie viele Quadratmeter der Erdoberfläche sind Land?

114 **Die Durchmesser zweier Kugeln stehen im Verhältnis 1 : 3 (bzw. 2 : 3). In welchem Verhältnis stehen die Oberflächen und die Volumen zueinander?**

115 **Eine Hohlkugel aus Glas hat einen Umfang von 188,5 cm, die Dicke des Glases beträgt 3 cm. Wie schwer ist die Kugel, wenn die Dichte des Glases $2{,}6\,\frac{g}{cm^3}$ beträgt?**

116 **Aus einem Würfel mit einer Kantenlänge von 15 cm wird die größtmögliche Kugel gefertigt.**

a) Berechne das Volumen dieser Kugel.

b) Wie groß ist der Oberflächeninhalt?

c) Mit wie viel Prozent „Abfall" musst du rechnen?

d) Welche Aussagen über den Abfall kannst du für Kugeln anderer Abmessungen treffen? Begründe bzw. beweise deine Aussagen.

117 **Berechne die Masse und den Oberflächeninhalt des im Querschnitt dargestellten Körpers („Tropfen") aus Blei (Dichte von Blei: $11{,}4\,\frac{g}{cm^3}$).**

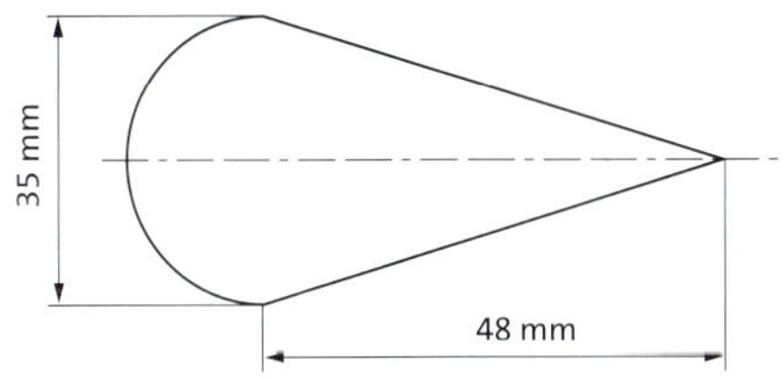

118 **Ein Holzgefäß hat die Form einer Halbkugel. Die äußere Oberfläche beträgt $3179{,}25\,cm^2$, die innere Oberfläche $2769{,}48\,cm^2$. Wie dick ist die Gefäßwand?**

119 **Das Volumen einer Kugel beträgt $212{,}18\,cm^3$. Berechne den Radius. Löse die Formel zunächst nach r auf.**

120 **Die Oberfläche einer Kugel beträgt $784{,}27\,cm^2$. Berechne das Volumen dieser Kugel.**

121 **Ein Fußball darf offiziell einen Umfang zwischen 68 cm und 70 cm haben. Um wie viel Prozent ist das Volumen beim Mindestmaß kleiner als beim Höchstmaß?**

5

Wahrscheinlichkeitsrechnung und Statistik

5.1 Zufall und Wahrscheinlichkeit

Zufallsexperimente

Ein beliebig oft wiederholbarer Vorgang mit ungewissem Ergebnis, wie z. B. das Werfen eines Würfels, ist ein Zufallsexperiment.
Ein Ereignis ist die Zusammenfassung bestimmter günstiger Ergebnisse. Muss ein Ereignis jedes Mal auftreten, heißt es **sicheres Ereignis;** kann es nie auftreten, heißt es **unmögliches Ereignis.**

Beispiel: Das Würfeln einer 7 ist ein unmögliches Ereignis, das Würfeln einer 1, 2, 3, 4, 5 *oder* 6 ein sicheres Ereignis.

1 **Bei einem Spiel wird gleichzeitig mit zwei Würfeln, W_1 und W_2, gewürfelt. Notiere das Ergebnis eines Wurfes in der Form (w_1; w_2), wobei w_1 die gewürfelte Augenzahl von W_1 und w_2 die gewürfelte Augenzahl von W_2 angibt.**

a) Wie viele unterschiedliche Ergebnisse (Würfe) sind möglich? (Tipp: Notiere dir mögliche Würfe, versuche ein System zu erkennen und leite daraus die Gesamtzahl ab.)

b) Welche Ergebnisse gehören zu dem Ereignis B: *„W_1 zeigt eine ungerade Zahl an und W_2 zeigt eine Zahl kleiner als 3.“*?

c) Welche Ergebnisse gehören zu dem Ereignis C: *„W_1 zeigt eine 6 oder W_2 zeigt eine 6, aber nicht beide gleichzeitig.“*?

d) Welche Ergebnisse gehören zu dem Ereignis D: *„Es wird mindestens eine 3 gewürfelt.“*?

e) Welche Ergebnisse gehören zu dem Ereignis E: *„Es wird keine 3 gewürfelt.“*?

2 **Zwei Münzen werden gleichzeitig geworfen. (Hinweis: Notiere die einzelnen Ergebnisse in der Form (Wappen; Zahl).)**

a) Welche Ergebnisse (Würfe) sind möglich? Bestimme die Ergebnismenge Ω.

b) Welche Ergebnisse gehören zu dem Ereignis A: „*Genau eine Münze zeigt Zahl.*"?

c) Welche Ergebnisse gehören zu dem Ereignis B: „*Mindestens eine Münze zeigt Zahl.*"?

Wahrscheinlichkeit

Ein **Laplace-Versuch** ist ein Versuch, bei dem alle Ergebnisse die gleiche Wahrscheinlichkeit haben. Die Wahrscheinlichkeit P für das Eintreten des Ereignisses E ist dann: $P(E) = \frac{\text{Anzahl der für E günstigen Ergebnisse}}{\text{Anzahl aller möglichen Ergebnisse}}$.

3 Aus einem Skatblatt mit 32 Karten wird eine Karte gezogen. Gib jeweils alle Ergebnisse (Karten) an, die für das Eintreffen des angegebenen Ereignisses günstig sind. Berechne die Wahrscheinlichkeit für das Eintreffen des jeweiligen Ereignisses.
Beispiel: Ereignis E: „Herz Dame wird gezogen."
Nur das Ergebnis (die Karte) Herz Dame ist günstig. Die Wahrscheinlichkeit für E beträgt $P(E) = \frac{1}{32}$.

a) Ereignis A: *„Ein Bube wird gezogen."*
b) Ereignis B: *„Es wird Kreuz gezogen."*
c) Ereignis C: *„Kreuz Bube oder Pik Bube wird gezogen."*
d) Ereignis D: *„Es wird keine 10 gezogen."* (Tipp: Betrachte das Gegenereignis.)

4 Auf der Kirmes gibt es Losverkäufer, die damit werben, dass jedes zweite Los gewinnt. Kreuze die richtigen Antworten an.

a) Die Hälfte aller Lose sind Gewinne. ☐
b) Die Wahrscheinlichkeit, dass das Los ein Gewinn ist, beträgt $50\,\% = 0{,}5 = \frac{1}{2}$. ☐
c) Wenn ich zwei Lose kaufe, so muss ein Los davon ein Gewinn sein. ☐
d) Kaufe ich mir 100 Lose, so sind genau 50 Gewinne dabei. ☐
e) Kaufe ich mir 100 Lose, so sind schätzungsweise 50 Gewinne dabei. ☐
f) Nachdem ich nun 95 Nieten geöffnet habe, muss sich unter den anderen 5 Losen mindestens ein Gewinn befinden. ☐

5 **Der Losverkäufer hat 1000 Lose, darunter sind 10 Hauptgewinne, 490 Trostpreise (dies sind insgesamt 500 Gewinne) und 500 Nieten. Berechne die Wahrscheinlichkeiten für folgende Ereignisse. Fülle die Tabelle aus.**

Ereignis	Wahrscheinlichkeit P(Ereignis)
A: *Ich kaufe ein Los und es ist ein Hauptgewinn.*	$P(A) = \frac{10}{1000} = 0{,}01 = 1\,\%$
B: *Ich kaufe ein Los und es ist ein Trostpreis.*	
C: *Ich kaufe ein Los und es ist eine Niete.*	
D: *Ich kaufe ein Los und es ist eine Niete oder ein Gewinn.*	
E: *Ich kaufe ein Los und es ist ein Gewinn.*	
F: *Ich kaufe ein Los und es sind zwei Gewinne.*	

6 **Playmore, ein CD-Player-Hersteller, behauptet, dass nur 1 % seiner Produkte Fehler aufweist. Der Mino-Markt hat davon 150 Stück verkauft, 19 Stück mussten aber wieder zurückgenommen werden, weil diese fehlerhaft waren. Glaubst du der Behauptung des Herstellers Playmore? Begründe deine Antwort.**

7 **Die Mathematiklehrerin Frau Angres lost jeden Tag aus, wer keine Hausaufgaben machen muss. (Sie hat eine Kiste, in der sich zusammengefaltete Zettel mit den Namen ihrer Schüler und Schülerinnen befinden). Nadja möchte heute Nachmittag ins Schwimmbad und hofft, keine Mathematikhausaufgaben machen zu müssen. Es befinden sich nur noch 11 Zettel in der Kiste. Wie groß ist die Wahrscheinlichkeit, dass Nadja ausgelost wird?**

8 Michi muss eine Sechs würfeln, um beim Brettspiel wieder eine Figur auf das Startfeld stellen zu dürfen. Sie behauptet, dass sie spätestens in sechs Zügen eine Sechs wirft. Stimmt das? Begründe deine Antwort.

9 Der Mönch Gregor Mendel untersuchte im 19. Jahrhundert die Vererbung von Merkmalen bei Erbsen und entwickelte daraus die Grundlagen der Genetik. Er kreuzte gelbe Erbsen mit grünen Erbsen und untersuchte, welche Merkmale vererbt werden.

a) In der zweiten Nachwuchsgeneration zählte Mendel 6015 gelbe und 1997 grüne Samen. Bestimme die relativen Häufigkeiten der Ergebnisse „gelber Samen“ und „grüner Samen“.

b) Welche Wahrscheinlichkeiten kann man aus diesen beobachteten Ergebnissen ableiten? Bestimme jeweils einen möglichst einfachen Bruch.

c) Wie viele gelbe Erbsen sind bei 10 000 Erbsen der zweiten Nachwuchsgeneration zu erwarten?

Mehrstufige Zufallsexperimente

Führt man mehrere Zufallsexperimente gleichzeitig oder nacheinander aus, ist dies ein **mehrstufiges Zufallsexperiment.** Um alle möglichen Ergebnisse eines mehrstufigen Zufallsexperimentes übersichtlich darzustellen, benutzt man **Baumdiagramme.** Dabei gelten folgende Regeln:

1. Pfadregel – Produktregel: Die Wahrscheinlichkeit eines Ergebnisses ist gleich dem Produkt der Wahrscheinlichkeiten längs des zugehörigen Pfades. Alle Wahrscheinlichkeiten an den Ästen jeder Verzweigung ergeben zusammen 1.

2. Pfadregel – Summenregel: Die Wahrscheinlichkeit eines Ereignisses ist gleich der Summe der Wahrscheinlichkeiten der für dieses Ereignis günstigen Pfade.

10 In einer Tüte befinden sich noch zehn Gummibärchen: 5 rote, 2 gelbe und 3 weiße. Emma darf nacheinander 2 Gummibärchen ziehen (ohne das erste wieder zurückzulegen).

a) Bestimme die Ergebnismenge Ω.

b) Zeichne ein Baumdiagramm und berechne die zugehörigen Wahrscheinlichkeiten. Achte darauf, dass sich durch das Wegnehmen eines Gummibärchens deren Anzahl ändert.

c) Wie groß ist die Wahrscheinlichkeit, *genau ein gelbes Gummibärchen zu ziehen*?

d) Emma liebt weiße Gummibärchen. Wie groß ist die Wahrscheinlichkeit, dass sie *mindestens ein weißes Gummibärchen entnimmt*?

e) Wie groß ist die Wahrscheinlichkeit, *höchstens ein rotes Gummibärchen zu entnehmen*?

f) Emma möchte ihrem Bruder Paul ein rotes Gummibärchen geben. Sie selbst aber möchte ein weißes. Wie groß ist die Wahrscheinlichkeit, dass sie *ein rotes und ein weißes entnimmt* (egal in welcher Reihenfolge)?

11 **Bei einem Brettspiel gibt es verschiedene Zugmöglichkeiten. Man muss zunächst das abgebildete Glücksrad drehen und anschließend einen Würfel werfen.**

a) Zeichne das zugehörige Baumdiagramm.

b) Wie viele verschiedene Ergebnisse kann es geben?

c) Wie groß ist die Wahrscheinlichkeit für ein bestimmtes Ergebnis A?

d) In der Spielanleitung steht folgende Regel: *„Bei weiß und einer Augenzahl größer als 2 darfst du eine Karte ziehen."* Mit welcher Wahrscheinlichkeit tritt dieses Ereignis D ein?

e) Betrachte das Ereignis E: *„Bei einer 6 darf mal noch einmal würfeln."* Wie groß ist die Wahrscheinlichkeit, dass man nicht noch einmal würfeln darf?

f) Welches Ereignis F passt zu den folgenden Ergebnissen: (dunkelblau; 1); (dunkelblau; 2); (dunkelblau; 3); (dunkelblau; 4); (dunkelblau; 5); (dunkelblau; 6)?

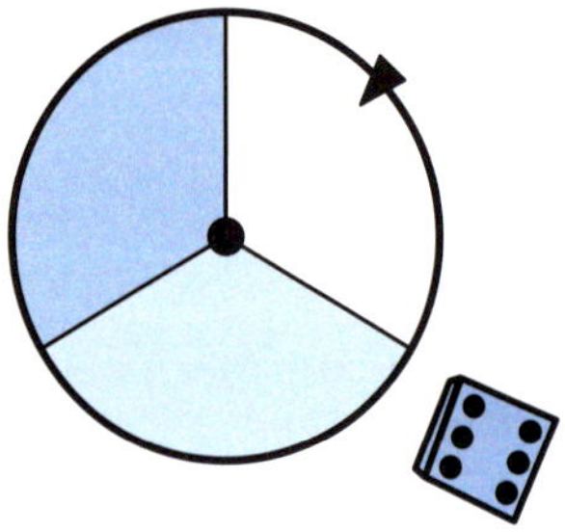

12 **Bei der geheimen Wahl zum Klassensprecher gab es drei Kandidaten. 15 von 25 Schülern haben für Ralf gestimmt. Alle Wahlzettel liegen in einer Schachtel, Eva zieht daraus nacheinander die Zettel und liest das Ergebnis vor. (Hinweis: Achte darauf, dass sich durch das Wegnehmen eines Zettels deren Anzahl ändert.)**

a) Mit welcher Wahrscheinlichkeit zieht sie als erstes einen Zettel, auf dem Ralf steht?

b) Mirko und Robert haben gleich viele Stimmen bekommen. Mit welcher Wahrscheinlichkeit entfällt der zweite gezogene Zettel auf Mirko, wenn auf dem ersten Ralf stand?

13 Moritz geht gerne Basketball spielen. Heute trainiert er Korbwürfe. Durchschnittlich trifft er bei 75 von 100 Würfen in den Korb. Wie groß ist die Wahrscheinlichkeit, dass er in zwei Würfen …

a) genau einmal, b) mindestens einmal,
c) mindestens zweimal, d) höchstens zweimal,
e) gar nicht, f) immer trifft?

K: Moritz wirft einen Korb $P(K) = \_\_\_\_$

N: Moritz wirft keinen Korb $P(N) = \frac{25}{100} = \frac{1}{4}$

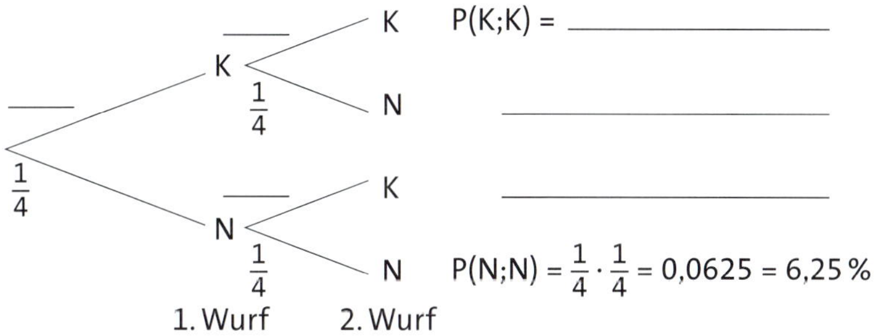

Ereignis	**günstige Ergebnisse**	**Anwenden der Summenregel**
A: *Er trifft genau einmal.*	(K;N); (N;K)	P(B) = P(K;N) + P(N;K) + P (K;K) = 93,75 %
B: *Er trifft mindestens einmal.*	(K;N); (N;K); (K;K)	
C: *Er trifft mindestens zweimal.*		
D: *Er trifft höchstens zweimal.*		
E: *Er trifft gar nicht.*	(N;N)	P(E) = P(N;N) = 6,25 %
F: *Er trifft immer.*		

Er trifft mit einer Wahrscheinlichkeit von …

a) ______ genau einmal. b) ______ mindestens einmal.

c) ______ mindestens zweimal. d) ______ höchstens zweimal.

e) ______ gar nicht. f) ______ immer.

14 **Nadja wird in Mathematik geprüft. Sie darf bei der Prüfung 2 von 30 Prüfungsfragen ziehen. Insgesamt kann sie 25 Fragen richtig beantworten. Die anderen 5 Fragen hat sie nicht verstanden und kann sie nicht beantworten. Wie groß ist die Wahrscheinlichkeit, dass sie ...**

a) beide Fragen richtig beantworten kann?

b) mindestens eine Frage richtig beantworten kann?

c) nur die zweite Frage richtig beantworten kann?

15 **In einem kleinen Teich befinden sich noch 10 Karpfen und 15 Barsche. Nachdem Ben 3 Fische geangelt hat, geht er nach Hause. Ermittle mithilfe eines Baumdiagramms die Wahrscheinlichkeit (auf 3 Dezimalstellen genau), dass er mindestens 2 Karpfen gefangen hat. (Beachte: Die gefangenen Fische werden nicht zurückgeworfen.)**

16 Christiane hat einen Test zur Feststellung einer Krankheit entwickelt. Dieser Test liefert mit einer Wahrscheinlichkeit von 99,7 % das richtige Ergebnis, d. h., der Test liefert bei 99,7 % der Erkrankten ein positives Ergebnis (die Krankheit wurde richtig erkannt) und bei 99,7 % der Gesunden ein negatives Ergebnis (der Test zeigt in diesen Fällen, dass diese Krankheit hier nicht vorliegt).

a) Fülle die Lücken.

K: Person hat die Krankheit.

G: Person hat die Krankheit nicht.

T+: Positives Testergebnis, d. h., Person hat laut Testergebnis die Krankheit.

T–: Negatives Testergebnis, d. h., Person hat laut Testergebnis die Krankheit nicht.

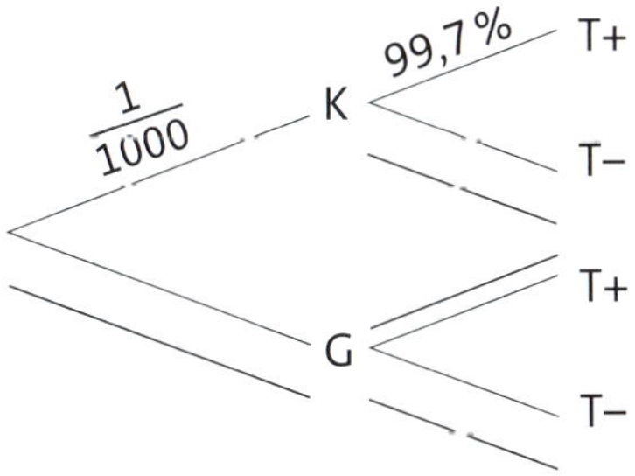

P(K;T+) = 0,0997 %

____

____

____

(K;T+): Person hat die Krankheit und diese wurde per Test erkannt.

(K;T–): __________

(G;T+): Person hat die Krankheit nicht, trotzdem wurde diese per Test erkannt.

(G;T–): __________

0,0997 % + 0,2997 % = ______ % der getesteten Personen werden ______ getestet; ______ % der getesteten Personen werden negativ getestet.

b) Wie groß ist bei einem positiven Testergebnis die Wahrscheinlichkeit, die Krankheit tatsächlich zu haben?

17 **Frau Mika ist Mathematiklehrerin. Im letzten Schuljahr hat sie die letzte Mathematikarbeit aus zeitlichen Gründen nicht mehr korrigieren können und stattdessen die Noten mit einem Würfel ausgewürfelt. Dies hat ihr viel Ärger bei den Schülern und Schülerinnen, bei den Eltern und der Schulleiterin eingebracht, die allerdings alle nichts von ihrem Verfahren wissen. Unter anderem gab es Ärger, da ein Drittel der Schülerinnen und Schüler Fünfer und Sechser hatten.**

a) Wie groß war bei dieser Art der Notenermittlung die Wahrscheinlichkeit, eine Fünf oder eine Sechs zu bekommen?

b) Diesen Ärger will Frau Mika in diesem Jahr dadurch vermeiden, dass sie die Noten mit zwei Würfeln ermittelt, indem sie immer die niedrigere Augenzahl als Note nimmt. Fertige hierzu ein Baumdiagramm an. Die folgende Skizze hilft dir dabei.

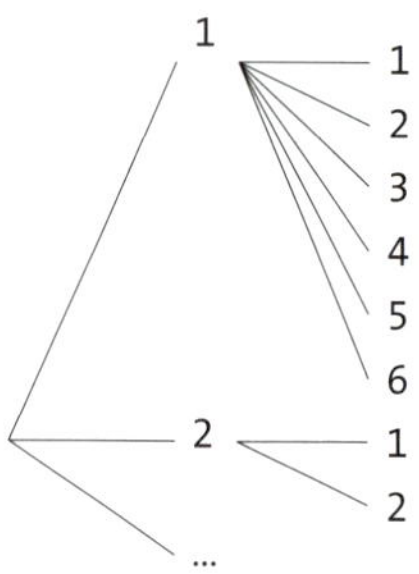

$P(1; 1) = \frac{1}{6} \cdot \frac{1}{6} = \frac{1}{36}$

$P(1; 6) = \frac{1}{6} \cdot \frac{1}{6} = \frac{1}{36}$

Ergebnisse	Noten
(1;1)	1
(1;2)	1
(1;3)	1
(1;4)	1
(1;5)	1
(1;6)	1

c) Wird Frau Mika diesmal wieder Ärger bekommen? Begründe deine Antwort.

d) Nora hat bisher immer Zweien geschrieben. Wie groß ist die Wahrscheinlichkeit, dass sie auch diesmal mindestens eine Zwei bekommt?

5.2 Beschreibende Statistik

Kenngrößen

Modalwert: der Wert in einer Datenliste, der am häufigsten vorkommt

Arithmetischer Mittelwert $\overline{x} = \frac{\text{Summe aller Werte der Liste}}{\text{Anzahl der Werte}}$;

Zentralwert z **(Median):** der Datenwert genau in der Mitte, wenn man die Werte der Größe nach ordnet.

Beispiel: In der Datenliste 12; 7; 3; 9; 7; 5; 11; 8; 4; 11; 11; 4; 7 sind:
Modalwerte: 7 und 11;
arithmetisches Mittel:

$$\overline{x} = \frac{12+7+3+9+7+5+11+8+4+11+11+4+7}{13} \approx 7{,}6;$$

Median z: 7.

18 **Im Handel werden Eier in vier verschiedenen Größen angeboten. Gewichtsklasse S: klein, unter 53 g; Gewichtsklasse M: mittel, 53 g bis unter 63 g; Gewichtsklasse L: groß, 63 g bis unter 73 g und Gewichtsklasse XL: sehr groß, 73 g und darüber. Stephan hat die Eier seiner Hühner auf das Gramm genau ausgewogen, hier die Werte:**

68; 65; 54; 60; 72; 63; 74; 57; 52; 54; 52; 73; 55; 65; 66; 57; 52; 71; 71; 75; 73; 61; 65; 70; 69

Erstelle eine Übersicht über die Anzahl der Eier in den unterschiedlichen Gewichtsklassen.

19 **Bei einer Klassenarbeit wurden 6 Aufgaben gestellt und maximal 36 Punkte vergeben. Folgende Punktzahlen wurden erreicht:**
29; 36; 10; 32; 10; 30; 19; 36; 22; 35; 31; 31; 17; 10; 13; 17; 33; 12; 20; 28; 34; 20; 12; 29; 25; 12; 11

a) Fülle den Notenspiegel aus.

Punkte	33–36	28–32	22–27	16–21	10–15	0–9
Note	1	2	3	4	5	6
Anzahl der Schülerinnen und Schüler	𝍸	𝍷			𝍷	
	5					

b) Berechne dann den Notendurchschnitt:

Umfang der Datenliste: n = ______;

$$\bar{x} = \frac{5 \cdot 1 + \_\_\_\_ \cdot 2 + \_\_\_\_ \cdot 3 + \_\_\_\_ \cdot 4 + \_\_\_\_ \cdot 5 + \_\_\_\_ \cdot 6}{\_\_\_\_\_\_} = \_\_\_\_\_\_$$

20 **Die nachstehende Tabelle gibt die Taschengeldverteilung in einer Schülergruppe an.**

Taschengeld in €	18	20	22	25	32	75
Anzahl der Schüler	2	4	3	2	1	1

a) Wie viel Taschengeld bekommen die Schülerinnen und Schüler durchschnittlich?

b) Du kennst einen weiteren Mittelwert: den Zentralwert. Vergleiche beide Mittelwerte (Zentralwert und arithmetisches Mittel). Welche Angabe wäre hier sinnvoller? Begründe deine Antwort.

21 Die Französischlehrerin Frau Franz notiert an verschiedenen Tagen die Zeiten in Minuten, die sie für ihren Weg zur Schule benötigt:
20; 25; 18; 25; 23; 27; 18; 17; 24; 25; 17; 27; 23; 19; 17; 23; 22

a) Wie lange benötigt sie durchschnittlich für diese Strecke? Berechne dazu den Zentralwert und das arithmetische Mittel. Vergleiche anschließend beide Werte.

b) Frau Franz wird von ihren Schülerinnen gefragt, wie lange sie für die Fahrt zur Schule benötigt. Was soll sie antworten?

c) Was passiert, wenn sie aufgrund einer Straßensperrung eine Wartezeit von einer Stunde in Kauf nehmen muss? Wie soll Frau Franz nun die Frage aus b) beantworten? (Tipp: Nimm noch den Wert 80 in die Liste auf. Wie verändern sich nun Zentralwert und Mittelwert? Was fällt dir auf?)

Streuungsmaße

Um zu beurteilen, wie gut oder schlecht eine Verteilung durch den Mittelwert oder den Zentralwert repräsentiert werden kann, gibt man die **Streuungsmaße** an. Bei großer Streuung repräsentiert der Mittelwert die Verteilung schlecht, bei kleiner Streuung repräsentiert er sie gut. Man unterscheidet folgende Streuungsmaße:

1. **Spannweite:** der Wert der Differenz aus dem größten (max) und dem kleinsten Wert (min) der Verteilung.
2. **Quartile** können u. a. so bestimmt werden: Das untere Quartil q_u ist der Zentralwert der unteren Hälfte der Datenliste, das obere Quartil q_o der Zentralwert der oberen Hälfte.
3. **Mittlere Abweichung a:** die Summe der Beträge aller Differenzen zwischen den einzelnen Ergebnissen und dem Mittelwert, dividiert durch die Anzahl der Datenwerte.
4. **Varianz σ^2:** die Summe aller Abweichungsquadrate dividiert durch die Anzahl der Werte.
5. **Standardabweichung σ:** die Wurzel aus der Varianz.

22 Zehn Lehrerinnen der Ellen-Key-Schule wurden nach der durchschnittlichen Fahrtdauer für ihren Schulweg befragt. Die Ergebnisse (in Minuten):

30; 25; 20; 25; 15; 20; 55; 20; 5; 60

Gib das Minimum, das Maximum, die Spannweite, den Zentralwert, das untere Quartil und das obere Quartil an.

n = 10

min = ________; max = ________

Spannweite = ________

Zentralwert z = ________

unteres Quartil q_u = ________; oberes Quartil q_o = ________

23 **Die Klasse 9b geht kegeln. Es werden zwei Gruppen gebildet. Jeder Schüler und jede Schülerin wirft jeweils 10 Kugeln „in die Vollen" (9 Kegel). Die Ergebnisse:**

Schüler Nr.	1	2	3	4	5	6	7	8
Gruppe 1	22	23	30	31	68	75	78	80
Gruppe 2	40	45	49	50	56	58	60	63

Berechne jeweils für beide Gruppen ...

a) das arithmetische Mittel.

b) die Spannweite.

c) die mittlere Abweichung.

d) die Varianz.

e) die Standardabweichung.

Die Tabelle kann dir dabei helfen:

	Gruppe 1			**Gruppe 2**		
i	x_i	$\lvert x_i - \bar{x}\rvert$	$\lvert x_i - \bar{x}\rvert^2$	x_i	$\lvert x_i - \bar{x}\rvert$	$\lvert x_i - x\rvert^2$
1	22			40	16	256
2	23			45	14	196
3	30			49	4	16
4	31			50	0	0
5	68			56	2	4
6	75			58	6	36
7	78			60	12	144
8	80			63	14	196
Summe					68	848
	$\bar{x}$ = ___ : 8 $\bar{x}$ = ___	a = ___ : 8 a = ___	σ^2 = ___ : 8 σ^2 = ___ $\sigma = \sqrt{\_\_\_}$ $\sigma \approx$ ___	$\bar{x}$ = ___ : 8 $\bar{x}$ = ___	a = ___ : 8 a = ___	σ^2 = ___ : 8 σ^2 = ___ $\sigma = \sqrt{\_\_\_}$ $\sigma \approx$ ___

Clevere Tipps zum Lösen von Textaufgaben

Vielen Schülern bereiten Textaufgaben Probleme. Das liegt vor allem daran, dass selten zwei Aufgaben auf genau die gleiche Art und Weise gelöst werden können. Doch gerade hier liegen der Reiz und auch der Sinn von Textaufgaben: Du sollst üben, die gelernten mathematischen Vorgehensweisen auf „echte“ Fragestellungen anzuwenden – also solche, wie sie dir im Alltag begegnen können. Denn Mathematik ist nicht etwas, was sich Lehrer ausgedacht haben, um dich zu ärgern. Sie wurde entwickelt, um Probleme des täglichen Lebens möglichst einfach lösen zu können. Natürlich wirken solche Textaufgaben oft etwas gekünstelt und wirklichkeitsfern, da man realistische Fragestellungen für den Schulunterricht vereinfachen muss.

1 Textaufgaben mit Gleichungen lösen – Schritt für Schritt

Manche Textaufgaben lassen sich lösen, indem man sehr konzentriert nachdenkt, knobelt und verschiedene Möglichkeiten ausprobiert.
Die Methode, eine Textaufgabe durch bloßes Probieren zu lösen, hat jedoch den Nachteil, dass es sehr lange dauern kann, wenn du oft hintereinander mit den falschen Zahlen herumprobierst. Ziel des Matheunterrichts ist es deshalb, dass du lernst, mithilfe von rechnerischen und systematischen Vorgehensweisen Probleme auf die „einfachen“ mathematischen Hintergründe zu reduzieren.
Anders ausgedrückt, wenn du den Text der Aufgabe in eine Gleichung (oder mehrere) übersetzt, musst du diese dann „nur“ noch lösen – was viel schneller geht. Die Größe, nach der in der Textaufgabe gefragt ist, wird in der Gleichung durch die Variable (Unbekannte) dargestellt. Alle anderen Zahlen, Terme und Gleichungen musst du aus dem ermitteln, was im Aufgabentext angegeben ist.

Das Rechnen und Lösen von Gleichungen ist etwas, was du durch viel Üben und Training wirklich beherrschen solltest.

Die Schwierigkeit liegt nun darin, die passende Gleichung zur Textaufgabe aufzustellen. Wenn du dabei jedoch nacheinander folgende Schritte durchführst, fällt es dir leichter:

8 Schritte für das Lösen von Textaufgaben

1. Gründliches Lesen
2. Informationen zusammenstellen
3. Variablen festlegen
4. Terme aufstellen
5. Gleichung(en) aufstellen
6. Gleichung(en) lösen
7. Probe durchführen
8. Antwortsatz formulieren

Oft musst du das Ergebnis sinnvoll runden – ist z. B. die Höhe eines Baumes gefragt, ist es sinnvoll, auf Zentimeter zu runden.
Mach dir bei Textaufgaben immer deutlich, ob das Ergebnis realistisch ist. Solltest du z. B. aufgrund eines Tippfehlers beim Benutzen des Taschenrechners herausbekommen, dass ein Baum 850 m hoch ist, dann solltest du deine Rechnung unbedingt überprüfen.

2 Sachaufgaben lösen

In Sachaufgaben wird oft eine kleine Geschichte erzählt, die auf eine Frage führt, die du dann anhand der 8 Schritte beantworten musst.
Du musst also alle benötigten Angaben der Geschichte entnehmen.
Eine typische Textaufgabe könnte so lauten:
Beispiel: *Anna feiert Geburtstag und hat ihren Freund Ben eingeladen. Leider hat Ben vergessen, wie alt Anna wird, und so stellt Annas Vater ihm ein Rätsel: „Ich bin viermal so alt wie Anna. Außerdem beträgt unser Altersunterschied 27 Jahre. Kannst du damit ausrechnen, wie alt wir sind?“ Hilf Ben und berechne das Alter von Anna.*

1. Gründliches Lesen
Lies dir die Aufgabe mehrfach durch und markiere dir die wichtigen Informationen im Text.

2. Informationen zusammenstellen
Die wichtigen Informationen, die du dem Aufgabentext entnehmen musst, sind:
- Was ist gegeben?
- Was ist gesucht?

Am besten schreibst du dir die Antworten stichpunktartig auf, damit du nichts vergisst. Versuche, dies in deinen eigenen Worten zu tun – dann bist du sicher, dass du es auch wirklich verstanden hast.
Beispiel:
Gegeben: a) Annas Vater ist viermal so alt wie Anna.
b) Annas Vater ist 27 Jahre älter als Anna.
Gesucht: Annas Alter.

3. Variablen festlegen
Im nächsten Schritt musst du die Variable für die gesuchte Größe wählen. Oft wird diese Variable mit x bezeichnet.
Beispiel: *x: Annas Alter in Jahren*

4. Terme aufstellen
Überlege, wie du die Informationen in Terme, also in Rechenausdrücke übertragen kannst. Die Variable x bezeichnet Annas Alter. Du hast in der Aufgabe zwei Informationen über das Alter von Annas Vater. Diese kannst du durch Terme ausdrücken:
Beispiel: *a) Annas Vater ist viermal so alt wie sie, also ist sein Alter* $4 \cdot x$.
b) Annas Vater ist 27 Jahre älter als sie, also ist sein Alter $x + 27$.

5. Gleichungen aufstellen
Du hast jetzt mehrere Terme aufgestellt, die die Variable enthalten. Nun musst du aus diesen Termen eine Gleichung aufstellen, die es dir ermöglicht, die Variable zu berechnen.
Beispiel: *Da beide Terme das Alter von Annas Vater ausdrücken, müssen sie denselben Wert angeben. Also kannst du sie gleichsetzen:*
$4x = x + 27$

6. Gleichung lösen

Hast du eine Gleichung aufgestellt, musst du diese nach der Variablen auflösen.

Beispiel: *Durch Lösen der Gleichung kannst du Annas Alter berechnen:*

$$4x = x + 27 \quad | -x$$
$$3x = 27 \quad | :3$$
$$x = 9$$

7. Probe durchführen

Zuletzt solltest du eine Probe durchführen, um zu überprüfen, ob das Ergebnis die Gleichung tatsächlich löst bzw. ob das Ergebnis auch sinnvoll ist. Hättest du z. B. eine negative Zahl als Ergebnis erhalten, ergäbe das keinen Sinn.

Beispiel: $4 \cdot 9 = 9 + 27$

$$36 = 36$$

8. Antwortsatz formulieren

In Schritt 6 hast du die Gleichung gelöst und einen Zahlenwert für die gesuchte Variable erhalten. Diesen Zahlenwert musst du nun wieder in den Sachzusammenhang der Textaufgabe übertragen und in einem Antwortsatz beschreiben, was diese Zahl nun konkret bedeutet.

Beispiel: *Antwort: Anna ist neun Jahre alt.*

3 Zahlenrätsel knacken

Zahlenrätsel kommen zwar im täglichen Leben selten vor, doch sie eignen sich sehr gut, um die Vorgehensweise beim Lösen von Textaufgaben zu trainieren. Denn bei Zahlenrätseln wendest du ebenfalls die 8 Schritte an (↑ S. 121) – das Vorgehen wird aber leichter, da bei Zahlenrätseln immer nach einer Zahl gesucht wird, die bestimmte Bedingungen erfüllen muss. Du musst also nicht überlegen, was gesucht ist.

Beispiel: *Gesucht ist eine natürliche Zahl. Die Summe der gesuchten Zahl, ihres Vorgängers und ihres Nachfolger ergibt 105. Wie lautet die gesuchte Zahl?*

x: gesuchte Zahl

Danach gehst du genauso vor wie bei Sachaufgaben – du stellst Terme und schließlich Gleichungen auf und löst diese, um x zu finden.
Beispiel: *Der Vorgänger einer natürlichen Zahl x ist x – 1, der Nachfolger ist x + 1. Damit ergibt sich die folgende Gleichung, die sich durch Äquivalenzumformungen leicht lösen lässt:*

$$(x-1)+x+(x+1)=105$$
$$3x=105 \mid :3$$
$$x=35$$

Antwort: Die gesuchte Zahl ist 35.
Auch bei Zahlenrätseln solltest du eine Probe durchführen, um sicherzugehen, dass dein Ergebnis richtig ist.

4 Textaufgaben mit mehreren Gleichungen

Bei manchen Textaufgaben können die Informationen zu mehreren Gleichungen mit mehreren Variablen führen, die du kombinieren musst. Es kann sich z. B. ein lineares Gleichungssystem ergeben. Beachte ebenfalls wieder die 8 Schritte zum Lösen von Textaufgaben (↑ S. 121).

4.1 Lineare Gleichungssysteme

1. Lies dir den Text gründlich durch.
Beispiel: *Die 8. Klassen wollen gemeinsam ins Landheim fahren. Wie üblich sorgt dabei die Zimmerverteilung für große Aufregung. Während die Jungen in großen Schlafsälen untergebracht werden, stehen für die Mädchen Dreier- und Viererzimmer zur Verfügung. Die 32 Mädchen des Jahrgangs werden schließlich in 9 Zimmern untergebracht. Wie viele Dreier- und wie viele Viererzimmer werden gebucht?*

2. Schreibe zunächst die wichtigen Informationen heraus.
Beispiel: *Gegeben:* *32 Mädchen*
9 Zimmer mit jeweils 3 oder 4 Betten
Gesucht: *a) Anzahl der Dreierzimmer*
b) Anzahl der Viererzimmer

3. Lege die Variablen fest.

Wenn es mehrere gesuchte Größen gibt, benötigst du mehrere Variablen.

Beispiel: *x: Anzahl der Dreierzimmer*
y: Anzahl der Viererzimmer

4. Nun stellst du die Terme auf.

Beispiel: *Du kennst die Gesamtanzahl der Zimmer sowie die Anzahl der Mädchen, die darin untergebracht werden. Wenn x die Anzahl der Dreierzimmer bezeichnet, dann sind darin 3 · x Mädchen untergebracht. Entsprechendes gilt für die Viererzimmer.*

Term für die Anzahl der Mädchen in Dreierzimmern: $3 \cdot x$

Term für die Anzahl der Mädchen in Viererzimmern: $4 \cdot y$

5. Aus den Termen Gleichungen aufstellen

Da du mehrere Variablen hast, benötigst du mehrere Gleichungen, um diese berechnen zu können.

Beispiel: *Alle Mädchen müssen untergebracht sein, außerdem sind es zusammen 9 Zimmer. Daraus ergeben sich zwei Gleichungen:*

(I) *Die Summe aus Dreier- und Viererzimmer ist 9.*

(II) *Die Zahl Mädchen in Dreier- und Viererzimmern muss zusammen 32 ergeben.*

(I) $x + y = 9$

(II) $3x + 4y = 32$

6. Das lineare Gleichungssystem lösen

Du hast nun ein System aus mehreren Gleichungen, das du lösen musst.

Beispiel: *Dieses LGS lässt sich z. B. durch das Additionsverfahren lösen.*

$$x + y = 9 \quad | \cdot (-3)$$
$$3x + 4y = 32$$
$$\left.\begin{array}{r} -3x - 3y = -27 \\ 3x + 4y = 32 \end{array}\right] +$$
$$y = 5$$

Einsetzen in (I)

$$x + 5 = 9 \; | -5$$
$$x = 4$$

7. Probe durchführen

Um dein Ergebnis zu überprüfen, führst du wieder eine Probe durch.
Beispiel: *Probe:* (I) $4 + 5 = 9$
(II) $3 \cdot 4 + 4 \cdot 5 = 32$

8. Antwortsatz formulieren

Beispiel: *Es wurden 4 Dreier- und 5 Viererzimmer gebucht.*

4.2 Nicht lineare Gleichungssysteme

Beim folgenden Beispiel erhältst du ebenfalls mehrere Gleichungen, die jedoch nicht alle linear sind, d. h., die Aufgabe führt auf ein nicht lineares Gleichungssystem.
Beispiel: *Lynn möchte im Garten für ihr Kaninchen ein rechteckiges Gehege einzäunen. Sie hat 20 m Maschendrahtzaun zur Verfügung und möchte den hohen Bretterzaun als eine Seite des Geheges nutzen. Kann sie so ein Gehege von 50 m² einzäunen?*
Um eine solche Aufgabe zu lösen, ist es sinnvoll, dass du dir vorher eine Skizze anfertigst, damit du dir besser vorstellen kannst, was gefragt ist.

Beispiel:

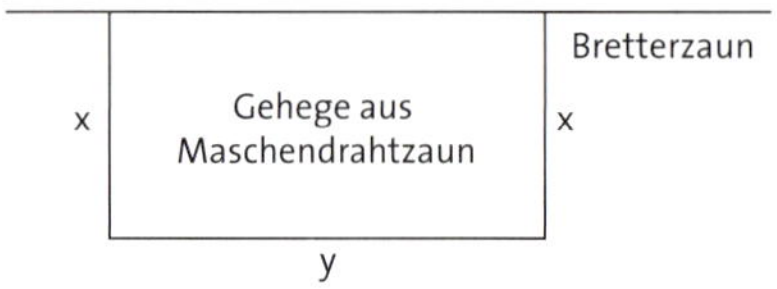

Du gehst wieder entsprechend der 8 Schritte vor, stellst also zunächst die Informationen zusammen.
Beispiel: *Informationen: a) 20 m Maschendrahtzaun*
b) eine Gehegeseite stellt der Bretterzaun
c) rechteckiges Gehege mit Flächeninhalt 50 m²
Nun überlegst du, wie viele und welche Variablen benötigt werden.
Beispiel: *Gefragt ist nach dem Umfang des Rechtecks, also brauchst du zwei Variablen: x: Breite des Geheges in m*
y: Länge des Geheges in m
Im nächsten Schritt überträgst du die Informationen in Terme und Gleichungen.

Beispiel: *Da eine Seite durch den Bretterzaun geschlossen ist – Lynn wird, um Material zu sparen, die lange Seite y an den Bretterzaun legen – gilt für den Umfang des Geheges:*

(I) $2x + y = 20$

Der Flächeninhalt ist mit 50 m² vorgegeben, das führt auf die 2. Gleichung:

(II) $x \cdot y = 50$

Die 2. Gleichung enthält das Produkt x · y, ist also nicht linear. In so einem Fall kannst du das Einsetzungsverfahren nutzen. Löse die 1. Gleichung nach einer Variablen (z. B. y) auf und setze sie in die 2. Gleichung ein.

(I) $2x + y = 20 \quad | - 2x$

$y = 20 - 2x$

Einsetzen in (II)

$x \cdot (20 - 2x) = 50$

$20x - 2x^2 = 50 \,|\, - 50$

$-2x^2 + 20x - 50 = 0$

Diese quadratische Gleichung löst du mithilfe der p-q-Formel (↑ S. 36) oder der a-b-c-Regel („Mitternachtsformel").

$$x = -\frac{p}{2} \pm \sqrt{\left(\frac{p}{2}\right)^2 - q} = -\frac{(-10)}{2} \pm \sqrt{\left(\frac{-10}{2}\right)^2 - 25} = 5 \pm \sqrt{(-5)^2 - 25}$$

$$= 5 \pm \sqrt{25 - 25} = 5 \pm \sqrt{0} = 5$$

Einsetzen in (I):

$y = 20 - 2 \cdot 5 = 10$

Denke an die Probe und den Antwortsatz.

Beispiel: *Probe:* (I) $2 \cdot 5 + 10 = 20$

(II) $5 \cdot 10 = 50$

Antwort: Das Gehege muss 5 m breit und 10 m lang sein.

Um dir das Rechnen zu erleichtern, kannst du die Rechnung ohne Einheiten durchführen – beachte aber, dass das Ergebnis wieder mit Einheit angegeben werden muss. Gegebenenfalls musst du Einheiten ineinander umrechnen, wenn die Größen in verschiedenen Einheiten angegeben sind (beispielsweise in Meter und Zentimeter). Bei der Rechnung darfst du dann nicht den Überblick verlieren, in welcher Einheit du gerade rechnest!

EXTRA

5 Textaufgaben mit geometrischer Fragestellung

Bei Textaufgaben zu geometrischen Themen ist es hilfreich, sich eine Skizze anzufertigen. Mit deren Hilfe gewinnst du leichter einen Überblick darüber, was gefragt ist und welche Angaben du bereits hast. Außerdem siehst du meistens gleich, welcher Art das zugrunde liegende Problem ist – geht es um ein Strahlensatzproblem, eine Flächenberechnung oder eine Aufgabe aus der Trigonometrie? Wenn du das Problem erkannt hast, kannst du in der Geometrie häufig auf „fertige" Formeln oder Sätze zurückgreifen, die dir beim Aufstellen der Gleichung helfen.
Das folgende Beispiel zeigt dir die Vorgehensweise:
Beispiel: *Christina möchte an einem sonnigen Tag herausfinden, wie hoch der Baum in ihrem Garten ist. Der Baum wirft einen 12 m langen Schatten, sie selbst wirft mit ihrer Körpergröße von 1,60 m einen 2,26 m langen Schatten. Wie groß ist der Baum?*
Übertrage diese Informationen zunächst in eine Skizze. In diese trägst du die Angaben ein, die du schon kennst, und bezeichnest die Stücke, die du ermitteln sollst, mit einer Variablen.
Beispiel: *x: Größe des Baums in m*
Siehe dir die Skizze genau an und überlege, welcher Art die Fragestellung ist.

Beispiel: *Aus dieser Skizze kannst du eine Strahlensatz-Figur entwickeln und mithilfe des 2. Strahlensatzes die gesuchte Größe berechnen.*

2. Strahlensatz:

$\frac{x}{1,60} = \frac{12}{2,26} \quad | \cdot 1,60$

$x = 8,495\,575\,2...$

$x \approx 8,50$

Antwort: Der Baum ist 8,50 m hoch.

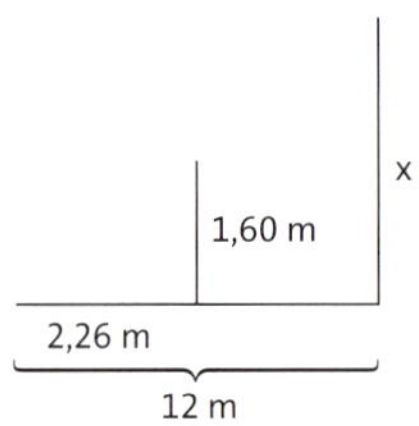

EXTRA

6 Wahrscheinlichkeitsrechnungen meistern

Textaufgaben zur Wahrscheinlichkeitsrechnung lassen sich oft durch ein Baumdiagramm lösen. Dabei solltest du genau schauen, ob du wirklich alle Möglichkeiten aufführen musst oder ob du das Baumdiagramm reduzieren kannst, wie im folgenden Beispiel.
Beispiel: *Ingo und Uli streiten sich darüber, wer heute den Müll hinausbringt. Schließlich schlägt Ingo ein Spiel vor: Aus einem Kartenspiel mit 32 Karten darf Uli zwei Karten ziehen. Wenn mindestens eine dieser Karten ein Bild zeigt, also Bube, Dame oder König, dann trägt Ingo den Müll hinaus, ansonsten ist Uli dran. Sollte Uli diesem Spiel zustimmen?*

Hier geht es darum, eine Karte zu ziehen, die ein Bild zeigt. Du kannst die 32 verschiedenen Karten also in die beiden Kategorien „Karte mit Bild" und „Karte ohne Bild" einteilen. Zum Ereignis „mindestens ein Bild" gehören dann die 3 Ergebnisse (Bild; Bild), (Bild; kein Bild), (kein Bild; Bild).
Uli zieht zwei Karten, also kannst du das Spiel als zweistufigen Zufallsversuch betrachten. Beim ersten Zug gibt es insgesamt 32 Karten, 12 davon zeigen ein Bild. Im zweiten Zug sind es nur noch 31 Karten.

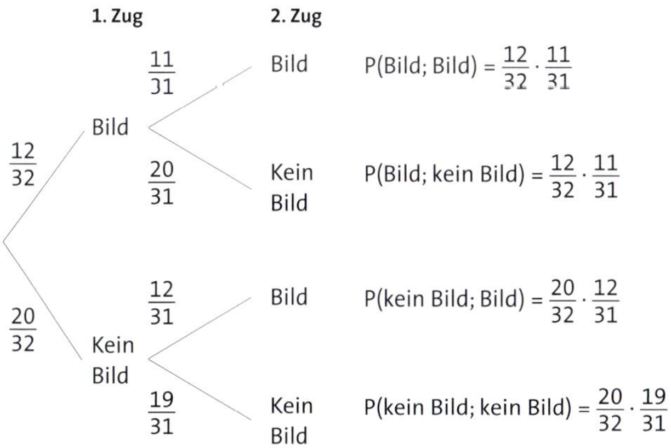

Beispiel: *P(mindestens ein Bild) = P(Bild; Bild) + P(Bild; kein Bild) + P(kein Bild; Bild)* $= \frac{12}{32} \cdot \frac{11}{32} + \frac{12}{32} \cdot \frac{20}{31} + \frac{20}{32} \cdot \frac{12}{32} \approx 0{,}617$
Die Gewinnwahrscheinlichkeit für Uli beträgt etwa 61,7 %, d. h., er sollte diesem Spiel zustimmen.

1 Terme und Gleichungen

S. 7 **1** a) 80 000 000 = achtzig Millionen
b) 520 000 000 000 = fünfhundertzwanzig Milliarden
c) 3 333 333 = drei Millionen dreihundertdreiunddreißigtausenddreihundertdreiunddreißig
d) 444 444 999 999 = vierhundertvierundvierzig Milliarden vierhundertvierundvierzig Millionen neunhundertneunundneunzigtausendneunhundertneunundneunzig
e) 10 000 000 = 10 Millionen
f) 9 999 999 999 = neun Milliarden neunhundertneunundneunzig Millionen neunhundertneunundneunzigtausendneunhundertneunundneunzig
g) 222 222 468 = zweihundertzweiundzwanzig Millionen zweihunderzweiundzwanzigtausendvierhundertachtundsechzig
h) 9 999 999 = neun Millionen neunhundertneunundneunzigtausend neunhundertneunundneunzig

S. 7 **2** a) 1 Tag = (24 · 60 · 60) Sekunden = 86 400 Sekunden;
1 000 000 : 86 400 = 11 + 49 600 : 86 400 = 11 Tage + 49 600 Sekunden;
49 600 : 3600 = 13 + 2800 : 3600 = 13 Stunden + 2800 Sekunden;
2800 : 60 = 46 + 40 : 60 = 46 Minuten + 40 Sekunden
Eine Million Sekunden sind also nach etwa $11\frac{1}{2}$ Tagen oder ganz genau nach 11 Tagen, 13 Stunden, 46 Minuten und 40 Sekunden vergangen.
b) 2 000 000 000 mm = 2 000 000 m = 2000 km

S. 8 **3** Überschlag: 6 · 2,50 € + 5 · 1 € + 2 · 1 € = 15 € + 5 € + 2 € = 22 €
Das Geld reicht also nicht.

S. 8 **4** a) Überschlag: 1 000 000 kg : 25 000 kg = 40; es wären etwa 40 Fahrten nötig.
b) Überschlag: 40 · 7 m = 280 m; die Autoschlange wäre etwa 280 m lang.
c) Überschlag: 2 · 40 · 17 min = 2 · 680 min = 1360 min (Der Lkw muss immer hin- und wieder zurückfahren.) Es würde 1360 Minuten, also knapp 23 Stunden, dauern.
d) Überschlag: 100 · 5,20 € = 520 €; der Auftraggeber muss etwa 520 € bezahlen.

S. 9 **5** a) 600 000 – (72 009 + 311 777) = 216 214; b) (8954 – 6294) + 3459 = 6119;
c) (7654 + 449) – (7654 – 449) = 8103 – 7205 = 898

S. 9 **6** 600 – 75 – 57 – 245 + 120 – 86 – 63 = 194; 194 – 82 = 112
112 kg Bananen konnte der Händler am Samstag noch absetzen.

S. 10 **7** a) 1700 = 17 · 100 km; 17 · 8 l = 136 l; man benötigt 136 Liter.
b) 65 Kisten · 13 = 845 Kisten; an diesem Tag wurden 845 Kisten ausgefahren.
c) 6 Eier · 4500 = 27 000 Eier (pro Tag); 30 · 27 000 = 810 000 Eier (pro Monat)
In einem Monat mit 30 Tagen werden 810 000 Eier verpackt.

S. 10 **8** a) (15 · 3) · (866 : 2) = 45 · 433 = 19 485
b) (60 : 12) · 80 = 5 · 80 = 400
c) (35 · 18) : 45 = 630 : 45 = 14

LÖSUNGEN

S. 11 **9** a) $(12 \cdot 9) + 34 = 108 + 34 = 142$
b) $(35 + 25) : (35 - 25) = 60 : 10 = 6$
c) $(999 \cdot 100) - 195 = 99\,900 - 195 = 99\,705$
d) $(120 : 24) \cdot (45 - 29) = 5 \cdot 16 = 80$
e) $5^3 - (19 + 6^2) = 125 - (19 + 36) = 125 - 55 = 70$

S. 12 **10** a) $x + 15 = 67 \Rightarrow x = 67 - 15 = 52$
b) $x - 12 = 144 \Rightarrow x = 144 + 12 = 156$
c) $x \cdot 8 = 72 \Rightarrow x = 72 : 8 = 9$
d) $x : 15 = 6 \Rightarrow x = 6 \cdot 15 = 90$

S. 12 **11** a) $x : 6 + 95 = 114 \Rightarrow x = (114 - 95) \cdot 6 = 19 \cdot 6 = 114$; Tom besaß 114 Briefmarken.
b) $x \cdot 74 - 16 = 206 \Rightarrow x = (206 + 16) : 74 = 3$; Martina hat jeweils 3 € eingeworfen.

S. 13 **12** kgV (70; 40) = 280; 280 : 70 = 4; 280 : 40 = 7; der Vater macht 4 Schritte und der Sohn 7 Schritte, bis ihre Füße wieder auf gleicher Höhe sind.

S. 13 **13** kgV (20; 25) = 100; nach 1 m gibt es eine gemeinsame Schnittstelle.

S. 13 **14** a) **35|350** und 50|350; außerdem **35|490**. 30, 40 und 45 sind keine Teiler von 350 und keine Teiler von 490. Also kommen nur Teppichfliesen mit der Kantenlänge 35 cm infrage.
b) 35|350 und **50|350**; außerdem **50|500**. 30, 40 und 45 sind keine Teiler von 350 und keine Teiler von 500. Also kommen nur Teppichfliesen mit der Kantenlänge 50 cm infrage.

S. 14 **15** a) 1 ct + 2 ct + 5 ct + 10 ct + 20 ct + 50 ct + 1 € + 2 € = 3 € 88 ct = 3,88 €
b) 10 € – 3,88 € = 6,12 €
c) Lösungsvorschlag: 6,52 € = 2 € + 2 € + 1 € + 1 € + 20 ct + 20 ct + 10 ct + 2 ct

S. 15 **16** a) 326 € + 31,29 € – 197,23 € – 50 € – 20 € – 90,06 €; es fehlen noch 90,06 €.
b) $90{,}06 : 3 \approx 30$; sie muss etwa 30 Wochen sparen.

S. 15 **17** Gebühren in Dollar: 1600 US$ + 750 US$ + 1200 US$ = 3550 US$
Umrechnung: 1 US$ $\triangleq \frac{1}{1{,}30}$ € ≈ 0,77 €; 3550 · 77 ct = 273 350 ct = 2733,50 €
Gesamtpreis: 2733,50 € + 1230 € = 3963,50 €
Der gesamte Urlaub hat 3963,50 € gekostet.

S. 15 **18** Mineralwasser: 3 · 4,55 € + 3 · 1,50 € + 36 · 0,15 € = 23,55 €
Saft: 5,98 € + 1,50 € + 6 · 0,15 € = 8,38 €
Rückgabe: 1,50 € + 22 · 0,15 € = 4,80 €
Wechselgeld: 100 € – 23,55 € – 8,38 € + 4,80 € = 22,87 €
Herr Schneider erhält 72,87 € Wechselgeld.

S. 16 **19** 760 g + 3 · 560,8 g + 282 g + 2,78 kg + 1,5 kg + 580 g = 760 g + 1682,4 g + 282 g + 2780 g + 1500 g + 580 g = 7584,4 g = 7,5844 kg
Herrn Ungers Einkaufskorb wiegt jetzt 7,5844 kg.

S. 16 **20** 18 t – 5800 kg = 12 200 kg; 12 200 : 50 = 244; die Ladung darf höchstens 12 200 kg schwer sein. Also kann der Lastwagen maximal 244 Säcke Zement transportieren.

S. 16 **21** a) 210 g + 4200 g + 300 g = 4710 g; 4710 g : 3 = 1570 g; jeder bekommt 1570 g.
b) Thore bekommt 300 g : 3 = 100 g Kekse. Davon gibt er Lisa 100 g : 2 = 50 g ab. Er selbst hat dann noch 100 g – 50 g = 50 g Kekse übrig. Lisa hat nun insgesamt 220 g Süßigkeiten.

c) Lasse hat 4200 g : 3 = 1400 g Äpfel bekommen. Das sind 4200 g : 100 g = 14 Äpfel. Er hat also richtig gezählt.

S. 17 **22** a) Die Uhr muss insgesamt 12 Stunden nachgehen, um wieder einmal die richtige Zeit anzuzeigen: 12 Stunden = 720 Minuten = 43 200 Sekunden. Da sie pro Tag 2 Sekunden nachgeht, muss sie 21 600 Tage lang nachgehen, denn 43 200 : 2 = 21 600. Nach 21 600 Tagen geht die Uhr also wieder einmal richtig.

b) 240 min – 2 h 12 min 45 s = 240 min – 132 min 45 s = 107 min 15 s
Auf dem Band bleiben noch 107 Minuten und 15 Sekunden Zeit für Jens' Lieblingsserie. Er kann also noch drei Sendungen zu je 32 Minuten aufnehmen. Auf dem Band bleibt ein Rest von 107 min 15 s – 96 min = 11 min 15 s.

c) Um 16.50 Uhr ist Unterrichtsbeginn. Die 1. Stunde endet um 17.35 Uhr. Die 2. Stunde endet um 18.25 Uhr. Die 3. Stunde endet um 19.15 Uhr. Die 4. Stunde beginnt um 19.35 Uhr und endet um 20.20 Uhr. Die 5. Stunde beginnt um 20.25 Uhr und endet um 21.10 Uhr.

S. 17 **23** Der Zug fährt am Sonntag um 17.35 Uhr Ortszeit in Wladiwostok ab, das entspricht in Moskau der Uhrzeit 10.35 Uhr. Er erreicht Moskau am darauffolgenden Samstag um 16.44 Uhr Ortszeit. Der Zug ist also 6 Tage, 6 Stunden und 9 Minuten unterwegs.

S. 18 **24** a) (–85) + (+540) = (+455); der Ballon befindet sich 455 m über NN.

b) (+932) + (–150) + (–397) + (+58) = (+443)
Frau Siegels Konto weist anschließend ein Guthaben von 443 € auf.

c) Erde: (+54) – (–89) = (+143); Mond : (+118) – (– 153) = (+271)
Der maximal mögliche Temperaturunterschied auf der Erde beträgt 143 °C; der maximal mögliche Temperaturunterschied auf dem Mond beträgt 271 °C.

S. 19 **25** a) x – 67 = (–32); x = 35; b) x – 218 = –x; x = 109; c) x – (–24) = 56; x = 32; d) x + (–77) = (–99); x = (– 22); e) x – (–x) = 184; x = 92

S. 19 **26** a) Christoph hat mehr, denn 37 < 45. b) Ingo hat 20 € Schulden. c) Ihr Kontostand lautet –32 €. d) 20 €, denn –20 + 20 = 0. e) 65 €, denn –20 + 65 = 45.

S. 20 **27** a) [(–14) + (–5)] · (–8) = (–19) · (–8) = 152

b) 56 : (–7) + 79 = (–8) + 79 = 71

c) [(–68) – (+47)] : (–5) = (–115) : (–5) = 23

d) [(–7) + (–21)] + (–7) · (–21) = (–28) + 147 = 119

e) (–120) : (–6) – 39 = 20 – 39 = (–19)

f) (–25) · 17 : (6 + (–11)) = –425 : (–5) = 85

g) 36 · (–12) + 36 : (–12) = –432 + (–3) = –435

S. 20 **28** 156 – 37 – 64 – 3 = 52; 52 der verkauften Räder waren Kinderräder.
40 410 € – 37 · 326 € – 64 · 294 € – 3 · 612 = 7696 €; die 52 Kinderräder haben 7696 € gekostet. Ein Kinderrad kostet dann 7696 € : 52 = 148 €.

S. 21 **29** a) Eine große Dose wiegt so viel wie zwei kleine Dosen. Also wiegt eine große Dose 200 g.

b) d = Gewicht einer großen Dose; 2 · d + 3 · 100 = 7 · 100

c) L = {200}

LÖSUNGEN

S. 22 **30** **a)** 14 Leuchtstäbe werden benötigt.
b)

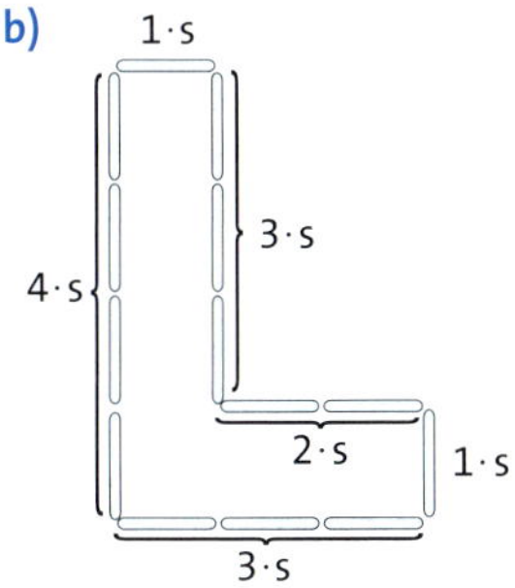

c) $U = 14 \cdot s$
d) Wenn $s = 10$ cm, dann $U = 140$ cm.
Wenn $s = 20$ cm, dann $U = 280$ cm.
Wenn $s = 14$ cm, dann $U = 196$ cm.

S. 22 **31** **a)** Wenn $s = 10$ cm, dann $U = 200$ cm.
Wenn $s = 20$ cm, dann $U = 380$ cm.
b) $U = 18 \cdot s + 20$
c) Wenn $s = 14$ cm, dann $U = 272$ cm.

S. 23 **32** $1 - \frac{1}{4} - \frac{3}{8} - \frac{1}{6} = \frac{24}{24} - \frac{6}{24} - \frac{9}{24} - \frac{4}{24} = \frac{5}{24}$
Der Anteil der Schüler, die andere Grundschulen besuchten, beträgt $\frac{5}{24}$.

S. 23 **33** $\frac{1}{2} + \frac{3}{8} = \frac{4}{8} + \frac{3}{8} = \frac{7}{8}$; die roten und die grünen Ballons machen zusammen $\frac{7}{8}$ aller Ballons aus. Also ist $\frac{1}{8}$ der Ballons gelb. Da Frau Neumann 4 gelbe Ballons gekauft hat, müssen insgesamt $4 \cdot 8 = 32$ Luftballons vorhanden sein.

S. 23 **34** $1 - \frac{2}{3} - \frac{1}{4} = \frac{12}{12} - \frac{8}{12} - \frac{3}{12} = \frac{1}{12}$; $\frac{1}{12}$ seines ursprünglichen Taschengeldes entspricht 2 €, also muss er zuvor 24 € besessen haben.

S. 23 **35** **a)** $\frac{6}{8} + \frac{9}{4} = \frac{3}{4} + \frac{9}{4} = \frac{12}{4} = 3$; Jasmin erhält 3 Liter Milchshake.
b) Sie nimmt Milch und Erdbeersaft im Verhältnis 3 zu 1 (die dreifache Menge Milch gegenüber der einfachen Menge Erdbeersaft). Für 4 Liter braucht sie also 3 Liter Milch und 1 Liter Erdbeersaft.

S. 24 **36** Der Anteil beträgt $\frac{7}{20}$.

S. 24 **37** **a)** $\frac{1}{4}$ Kilogramm; **b)** $\frac{1}{40}$ Liter; **c)** $\frac{1}{4}$ Pizza; **d)** $\frac{1}{2}$ Stunde

S. 24 **38** $4\frac{1}{2} \cdot 3\frac{1}{2} = 15\frac{3}{4}$; die Rasenfläche ist $15\frac{3}{4}$ m^2 groß.

S. 24 **39** $\left(\frac{1}{4} \cdot \frac{1}{2} + \frac{1}{3} \cdot \frac{1}{3}\right) \cdot 2 = \frac{17}{36}$.; der gesuchte Bruchteil ist $\frac{17}{36}$.

S. 25 **40** Peter ist reicher geworden. Er hat am Ende der Woche 11,37 €.

S. 25 **41** 0,005, denn $2{,}25 \cdot 4{,}5 - 0{,}005 = 2{,}53 \cdot 4$

S. 26 **42** Mitglieder zahlen 13,30 €. Nichtmitglieder zahlen 26,70 €. (Exakte Lösung: $13\frac{1}{3}$ € und $26\frac{2}{3}$ €)

S. 26 **43** Herr Rose hat das um 6,75 m^2 größere Grundstück.

S. 27 **44** **a)** Er muss 10 ct pro Ei verlangen. **b)** Er muss 12 ct pro Ei verlangen.
c) Er muss 15 ct pro Ei verlangen.

S. 27 **45** **a)** $3 \cdot x = 54{,}3$; $L = \{18{,}1\}$; **b)** $2 \cdot x = -112{,}54$; $L = \{-56{,}27\}$; **c)** $5 \cdot x - 7{,}5 = 7{,}5$; $L = \{3\}$;
d) $x^2 - 11{,}53 = 157{,}47$; $L = \{13\}$; **e)** $1 + \frac{1}{3} \cdot x = -110$; $L = \{-333\}$; **f)** $x - \frac{1}{7} = \frac{1}{2}x + 1$;
$x = \frac{16}{7}$

S. 27 **46** x sei der Betrag in €, den Bodo erhält: $x + 2x = 900 - 150$; $x = 250$
Bodo bekommt 250 €, Albert bekommt 500 €.

S. 28 **47** **a)** Informationen über die Anzahl von Toren, die die drei Spieler geschossen haben.

b)–f)

Anzahl Emmas Tore:	e
Anzahl Felix' Tore:	2e
Anzahl Benedikts Tore:	e – 4
Insgesamt:	e + 2e + (e – 4) = 36
	e = 10

g)–h) e = 10: Emma hat 10 Tore geschossen.
2e = 20: Felix hat 20 Tore geschossen.
e – 4 = 6: Benedikt hat 6 Tore geschossen.

S. 28 **48** a) x = (50 + 25 + 0,75) · 4 = 303. Das Fahrrad kostet 303 €.
b) x sei der Betrag des Geldgeschenkes der Tante in €: 3(x + 2x) = 270,99; x = 30,11
Christina bekommt von der Tante 30,11 €, von der Oma 60,22 €.

S. 28 **49** a) (40 – 3) · (–12) = –444 b) $\left(\frac{4}{5} + \frac{7}{2}\right) \cdot (-30) = -129$
c) (1,8 + [–100]) : (–2) = 49,1 d) $\left(3 + \frac{1}{3}\right) \cdot (-3) = -10$

S. 29 **50** a) Vier kleine Vögel wiegen so viel wie zwei große, also wiegt ein kleiner Vogel halb so viel wie ein großer.
b) Ein kleiner Vogel wiegt dann 135 g.
c) Ein großer Vogel wiegt dann 300 g.

S. 29 **51** a) Sie muss 22,54 € zahlen, wenn sie 4 Stunden und 44 Minuten im Internet war.
b) Sie war 430 Minuten im Internet.
c) Timo würde mit Emilies Vertrag im 1. Monat 29,50 €, im 2. Monat 21,70 € zahlen, also wäre ihr Vertrag besser geeignet.

S. 30 **52** Julias Alter: j; Andreas Alter: 2j; Sibylles Alter: 2j + 4
Insgesamt: j + 2j + 2j + 4 = 74; j = 14
j = 14: Julia ist 14 Jahre alt.
2j = 28: Andrea ist 28 Jahre alt.
2j + 4 = Sibylle ist 32 Jahre alt.

S. 30 **53** Anzahl der Besucher am 1. Tag: b
Anzahl der Besucher am 2. Tag: b – 984
Insgesamt: b + b – 984 = 10 320; b = 5652
Am ersten Tag waren 5652 Besucher und am zweiten Tag 4668 Besucher (b – 984 = 4668) in der Ausstellung.

S. 30 **54** Roggenmehl in kg: r; Weizenmehl in kg: r + 15; gesamtes Mehl in kg: r + r + 15 = 50; r = 17,5
Die 50-kg-Backmischung besteht aus 17,5 kg Roggen- und 32,5 kg Weizenmehl.

S. 30 **55** Anzahl der Schüler aus Nordern: n
Anzahl der Schüler aus Ostern: n – 90
Anzahl der Schüler aus Western: n + 66
Gesamtanzahl: n + n – 90 + n + 60 = 840; n = 288
Es kommen 288 Schüler aus Nordern, 198 aus Ostern und 354 aus Western.

S. 30 **56**

Zahl	x
Das 6-Fache der Summe aus dem 9-Fachen der Zahl und 1:	6 · (9x + 1)
Die Differenz aus dem 12-Fachen der Zahl und 3, multipliziert mit 4:	(12x – 3) · 4

$6 \cdot (9x + 1) = (12x - 3) \cdot 4$
$54x + 6 = 48x - 12 \mid -48x - 6$
$6x = -18$
$x = -3$
Die gesuchte Zahl ist −3.

S. 31 **57** $18x + 5(x + 1) = 97$. Die gesuchte Zahl ist 4.

S. 31 **58** Größe des Grundstückes in m^2: x
Familie Ehrlich erhält: 780 m^2; Familie Herrlich erhält: $\frac{1}{3}x$; Familie Zänkig erhält: $\frac{1}{8}x$
a) Größe des Grundstückes in m^2: $780 + \frac{1}{3}x + \frac{1}{8}x = x$; $x = 1440$
b) Familie Ehrlich erbt 780 m^2, Familie Herrlich 480 m^2 und Familie Zänkig 180 m^2 des 1440 m^2 großen Grundstückes.

S. 31 **59** a)

Angebot	t Tagesmieten kosten (in €)
A	$60 + 10{,}5 \cdot t$
B	$12{,}5 \cdot t$

Für genau 30 Tage sind beide Angebote gleich teuer.
b) Will man das Gerät weniger als 30 Tage ausleihen, ist Angebot B preiswerter. Will man das Gerät länger als 30 Tage leihen, so ist Angebot A günstiger.

S. 31 **60** a) $n + 2n = 120$; $n = 40$; die eine Zahl ist 40, die andere 80.
b) $n + 5n = 120$; $n = 20$; die eine Zahl ist 20, die andere 100.
c) $n + \frac{n}{3} = 120$; $n = 90$; die eine Zahl ist 90, die andere 30.

S. 32 **61** Der Radius des kleineren Zahnrades beträgt 12 cm, der des größeren 96 cm.

S. 33 **62** In dem Hotel gibt es 28 Einzelzimmer und 48 Doppelzimmer.

S. 33 **63** a) (I) $3x + 2y = 9{,}50$; (II) $2x + 3y = 10{,}50$
Lösung: $(1{,}5|2{,}5)$, d. h., eine Rose kostet 1,50 €, eine Lilie 2,50 €.
b) Er muss $10 \cdot 1{,}50$ € $+ 4 \cdot 2{,}50$ € $= 25$ € bezahlen.

S. 33 **64** (I) $2x - 3y = 23$; (II) $2x + 2y = 13$; Lösung: $(8{,}5|-2)$

S. 33 **65** 1 Portion Popcorn = x ; 1 Becher Cola = y
(I) $2x + 3y = 11$; (II) $1x + 2y = 6{,}5$
Das Wertepaar $(2{,}5|2)$ ist die Lösung des Gleichungssystems, d. h., eine Portion Popcorn kostet 2,50 € und ein Becher Cola 2 €.

S. 33 **66** Auf der Wiese von Bauer Schneider weiden 31 Gänse und 14 Ziegen.

S. 34 **67** Luca hat das Eurostar 12-mal besucht, das Metro dagegen nur 3-mal.

S. 34 **68** Michi erhält 52 € und Katja 41,25 €.

S. 34 **69** Emma muss ca. 0,044 Liter Vollmilch mit 0,156 Liter Magermilch mischen.

S. 35 **70** Er hat das Volumen 5^3 cm^3 = 125 cm^3.

S. 35 **71** Eine Seite misst $\sqrt{225}$ m = 15 m.

S. 35 **72** 2 cm · 8 cm = 16 cm^2; ein Quadrat der Fläche 16 cm^2 hat eine Seitenlänge von 4 cm.

S. 35 **73** Nach dem 5. Falten liegen $2^5 = 32$ Schichten Papier übereinander, nach dem 10. Falten wären es $2^{10} = 1024$ Schichten, dies ist aber durch Falten nicht zu schaffen.

S. 35 **74** A = 2,5 m · 8,1 m = 20,25 m^2; a^2 = 20,25 m^2; a = 4,5 m
Das quadratische Gartenstück hat eine Seitenlänge von 4,5 m.

S. 36 **75** a) Ansatz: $n^2 + (n+1)^2 = 313$; $L = \{12\}$, d. h., die benachbarten Zahlen 12 und 13 sind die gesuchten Werte.
b) $x \cdot (x - 28) = x^2 - 28x = -75$; $L = \{3; 25\}$
c) $x^2 - (x - 13) = x^2 - x + 13 = 145$; $L = \{12; -11\}$

S. 36 **76** (Rechnung ohne Einheiten)
Breite des alten Grundstückes: x; Länge des alten Grundstückes: 3x; Breite des kleineren Grundstückes: x; Länge des kleineren Grundstückes: 3x – 18; Fläche des kleineren Grundstückes: $A = x \cdot (3x - 18) = 1560$
$L = \{-20; 26\}$; nur positive Werte sind sinnvoll: Das Grundstück ist 26 m breit.

S. 36 **77** Seiten des Rechteckes: a, b; a liege an der Wand: Umfang: $2b + a = 12\,m \Rightarrow$ $a = 12\,m - 2b$; Fläche: $a \cdot b \geq 16\,m^2 \Rightarrow b \cdot (12\,m - 2b) \geq 16\,m^2$; Rechnung ohne Einheiten: $-2b^2 + 12b \geq 16$; $b^2 - 6b \leq -8$
Lösung der quadratischen Gleichung: $b^2 - 6b = -8$; $b_1 = 2$; $b_2 = 4$; $L = \{2;4\}$
Lösung der quadratischen Ungleichung: $L = \{b \in \mathbb{R} | 2 \leq b \leq 4\}$
Der Hühnerstall kann zwischen 2 m und 4 m breit werden.

S. 37 **78** a) Es befinden sich nach zwei Stunden noch 0,5625 mg radioaktives Jod im Körper. Nach fünf Stunden sind es nur noch 0,2373 mg.
b) $f(t) = 1\,mg \cdot 0{,}75^t$; t = Anzahl der Stunden

S. 37 **79** a) Nach 10 Tagen hat Felix 10,23 € bekommen. b) Er bekommt am 11. Tag 10,24 €.
c) $f(t) = 1\,\text{Cent} \cdot 2^t$; t = Anzahl der Tage
d) Am 30. Tag bekommt Felix 5 368 709,12 €.

S. 38 **80** a)

Tauchtiefe in m	0	1	2	3	5	10
Helligkeit in LUX	50 000	47 000	44 180	≈ 41 529	≈ 36 695	≈ 26 931

b) In 20 m Tiefe beträgt die Helligkeit nur noch 14 505 LUX.

S. 38 **81** a) nach ca. 2 Wochen; b) nach ca. 3 Wochen; c) nach ca. 11 Wochen

S. 38 **82** a) Nach 4 Stunden sinkt die Temperatur auf 78 °C.
b) Nach 10,5 Stunden liegt die Temperatur unter 60 °C.

S. 38 **83** a) $a = \sqrt[8]{0{,}5}$; nach 6 Wochen (42 Tagen) befinden sich noch 2,63 % der Jodmenge im Körper.
b) Nach ca. 34,5 Tagen befindet sich nur noch eine Dosis von etwa 5 % des radioaktiven Stoffes im Körper.

2 Zuordnungen und Funktionen

S. 39 **1** Die Rechnung ergibt 10,5. Also müssen 11 Dosen Katzenfutter vorhanden sein.

S. 40 **2** Nun muss sie 6,90 € für 6 l Benzin bezahlen.

S. 40 **3** a), b), e) direkt proportionale Zuordnung; c), d), f) indirekt proportionale Zuordnung

S. 41 **4** a) Sie bekommt 16,50 €.
b) Der Bericht war 55 Zeilen lang.
c) Sie hätte damals 9,35 € bekommen.

S. 41 **5** a) Die Fahrt dauerte 13,5 Stunden.
b) Die durchschnittliche Geschwindigkeit betrug 75,6 km/h.

S. 41 **6** a) Die Vorräte würden für 12 Tage reichen. b) 18 Pfadfinder dürften mitfahren.

S. 41 **7** Er käme 441 km weit.

S. 42 **8**

x	10	1	30	50	70
y	5	0,5	15	25	35

Zuordnungsvorschrift: y = 0,5 · x

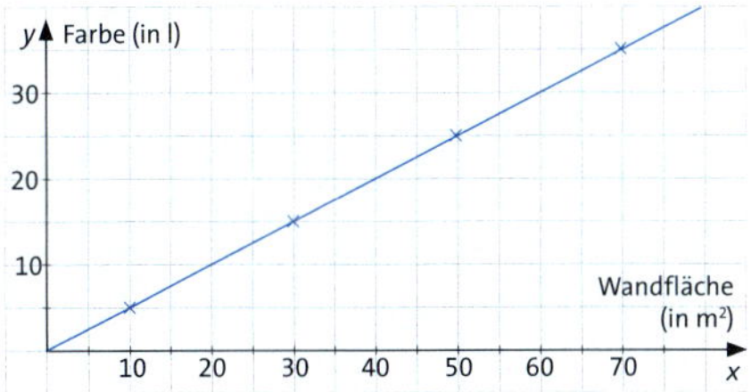

9

Teilnehmer	15	1	6	10	20
Expeditionsdauer	12	180	30	18	9

Zuordnungsvorschrift: $y = \frac{180}{x}$

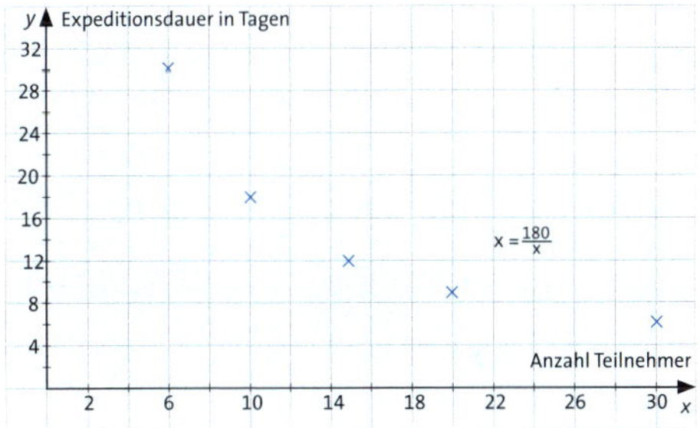

Die Punkte liegen auf einer Hyperbel, aber in diesem Fall ist es nicht sinnvoll, die Punkte miteinander zu verbinden, da man eine Expeditionsdauer für „10,5 Expeditionsteilnehmer" nicht berechnen will.

S. 42 **10** a)

Anzahl Frikadellen	1	15	20	25	35
Preis in €	1,25	18,75	25	31,25	43,75

Es handelt sich um eine direkt proportionale Zuordnung mit der Zuordnungsvorschrift
y = 1,25 · x, da m = 1,25.

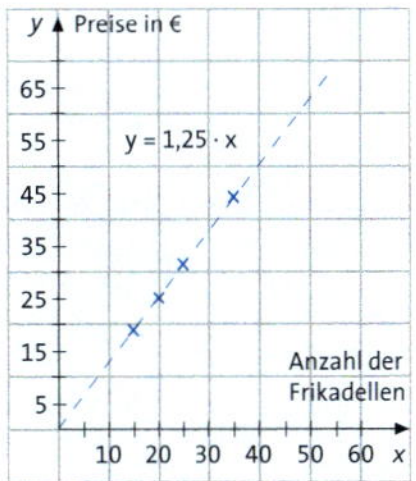

b)

Personen	1	15	20	25	30
Kosten in €	60	4	3	2,40	2

Es handelt sich um eine indirekt (umgekehrt) proportionale Zuordnung mit der Zuordnungsvorschrift
$y = \frac{60}{x}$, da m = 60.

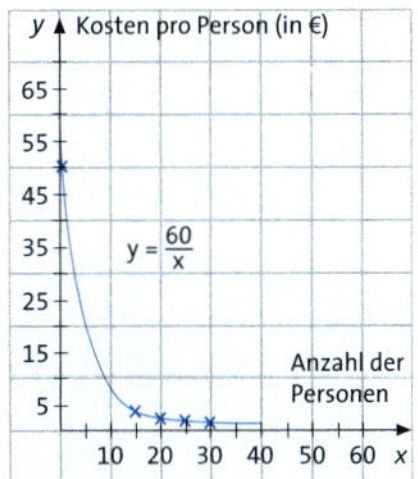

S. 43 **11** a)

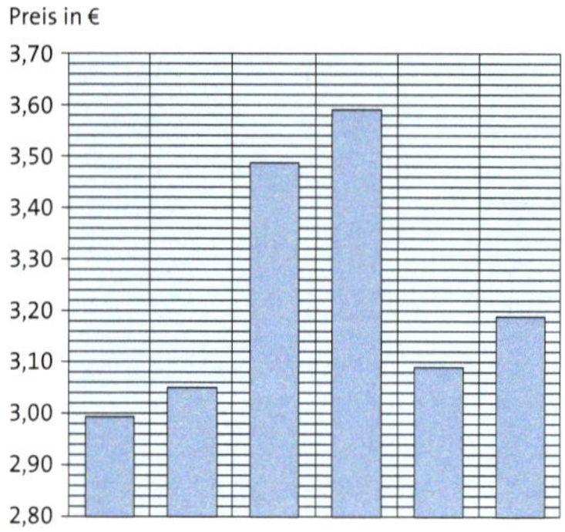

b) Die Differenz beträgt 60 ct.

c) Sie spart 1,80 €.

d) Der Durchschnitt der Preise ist 3,23 €.

S. 44 **12** a)

Größe	Strichliste	Absolute Häufigkeit	Relative Häufigkeit in %
131–140 cm	|||	3	15 %
141–150 cm	𝍸 𝍸	10	50 %
151–160 cm	𝍸 ||	7	35 %
gesamt	𝍸 𝍸 𝍸 𝍸	20	100 %

b) 20 Schüler haben an der Befragung teilgenommen.

c) + d)

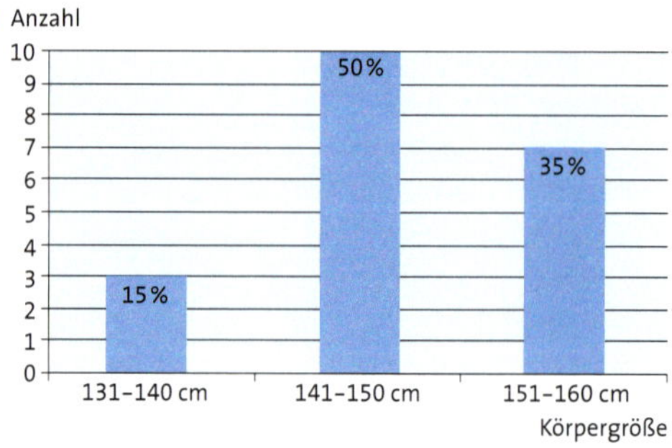

e)

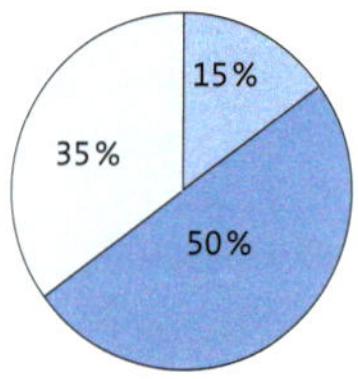

f) 15 %, das entspricht 54°; 50 %, das entspricht 180°; 35 %, das entspricht 126°.

S. 45 **13** a)

Monat	1	2	3	4	5	6	7	8	9	10	11	12
Geburtstagskinder	3	0	4	5	3	3	2	6	1	0	2	1

b) 30 Kinder gehören zu dieser Klasse.

c) Im August haben die meisten Kinder Geburtstag (6); im Februar und Oktober die wenigsten (0).

d)

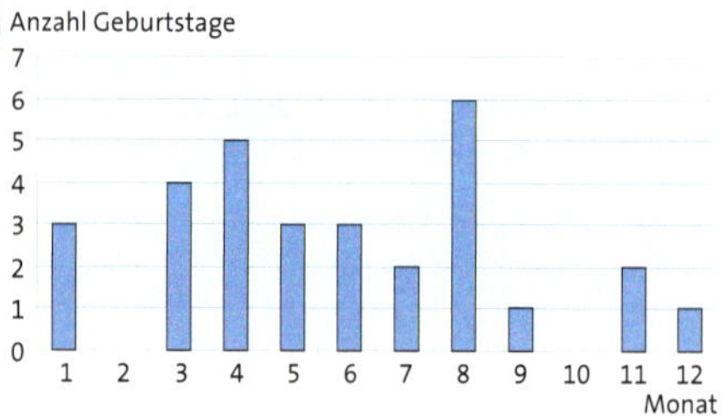

e) 40 % der Kinder haben im Sommer Geburtstag.

S. 45 **14** a)

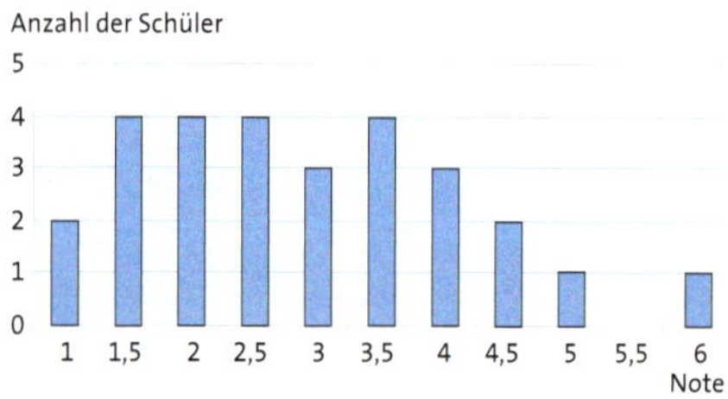

b) Der Notendurchschnitt liegt bei 2,89.

c) 35,7 % haben mit der Note 2 oder besser abgeschnitten.

S. 46 **15** a)

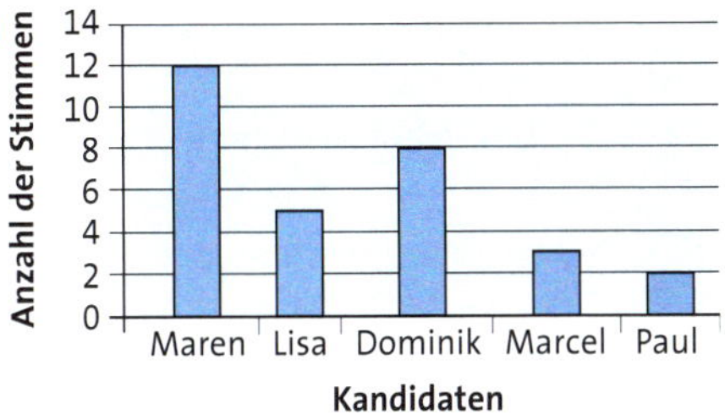

b)

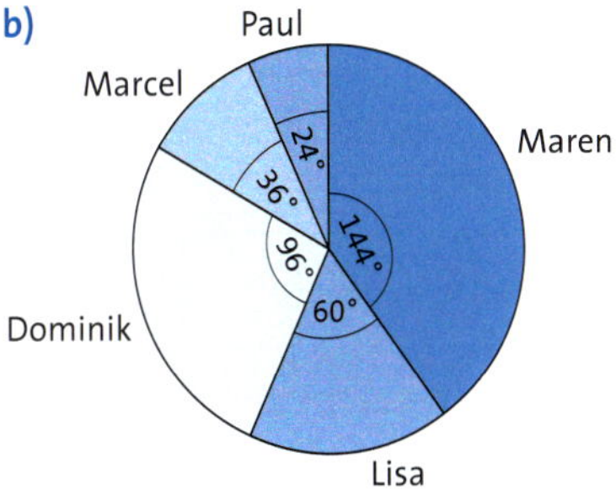

S. 47 **16** a)

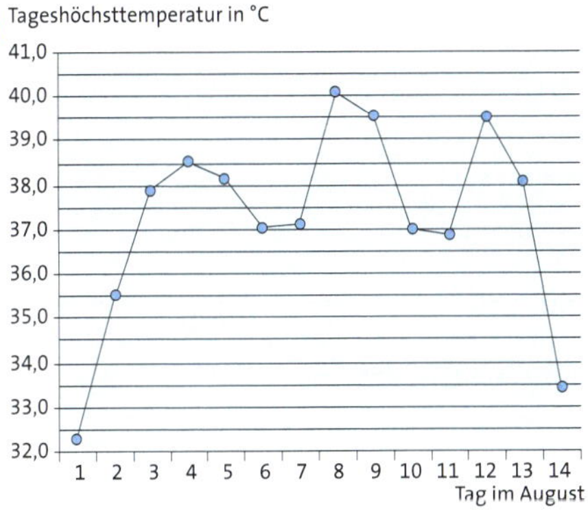

b) Der 8. August war der heißeste, der 1. August war der kühlste Tag.

c) Vom 13. auf den 14. August fiel die Temperatur um 4,7 °C.

S. 48 **17**

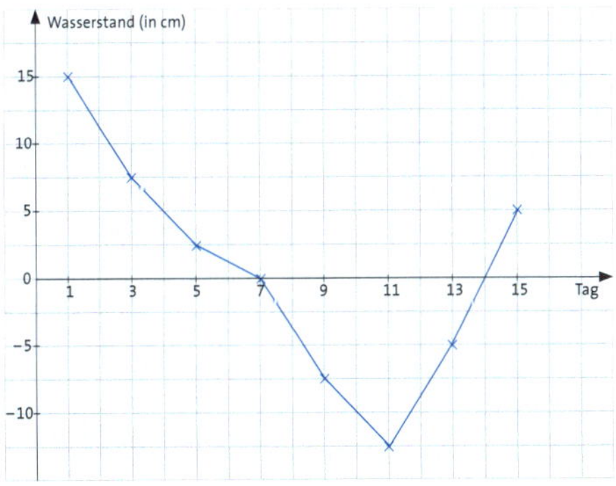

S. 48 **18** a) Zwischen dem 1. und dem 7. Tag sowie zwischen dem 14. und 15. Tag lag der Wasserstand über dem Durchschnittswert. Zwischen dem 7. Tag und dem 14. Tag lag der Wasserstand unter dem Durchschnittswert.

b) Am 7. Tag und ungefähr am 14. Tag entsprach der Wasserstand dem Durchschnittswert.

c) 4. Tag: ca. 5 cm über dem Durchschnittswert; 10. Tag: ca. 10 cm unter dem Durchschnittswert (−10 cm).

d) Zwischen dem 1. und dem 11. Tag ist der Wasserstand gefallen, zwischen dem 11. und dem 15. Tag ist der Wasserstand gestiegen.

S. 49 **19** Zurückgelegte Strecke in Kilometer und Zeit werden einander zugeordnet. Deine Geschichte könnte lauten: Elias und Julius starten um **8 Uhr** einen Ausflug zu der noch **12 km** entfernten Jugendherberge. Die ersten **8 km** schaffen sie in zwei Stunden. Nach einer **einstündigen** Pause geht es sehr steil bergauf weiter. Für die restlichen **4 km** benötigen sie **zwei Stunden**. Um **13 Uhr** sind sie am Ziel.

S. 49 **20** **a)** Katharina war die schnellste.
b) Katja konnte während des gesamten Laufes die Geschwindigkeit halten und wurde Zweite.
c) Susi ist am schnellsten gestartet, musste aber nach 1 km eine Pause einlegen. Sie wurde von Katharina und von Katja überholt. Nachdem Katja sie überholt hatte, versuchte Susi, sich dranzuhängen. Sie schaffte es, Katja zu überholen, konnte auch Katharina einholen und versuchte, sich ihrem Tempo anzupassen. 0,75 km vor dem Ziel brach Susi zusammen und musste zusehen, wie erst Katja und schließlich auch Lea sie überholten.
d) Lea hingegen hatte Startschwierigkeiten, holte aber auf. Den letzten Kilometer lief sie genauso schnell wie Katharina, allerdings 1000 m hinter ihr. So kam sie als Dritte ins Ziel.
e) Susi hat das Ziel nicht erreicht.

S. 50 **21** **a)** ca. 2 °C; **b)** Dezember; **c)** August; **d)** Januar

S. 50 **22** Preis pro Schüler: 5,50 €

Anzahl der Schülerinnen	Kosten der Fahrt in €
2	11,00
3	16,50
4	22,00
5	27,50
6	33,00

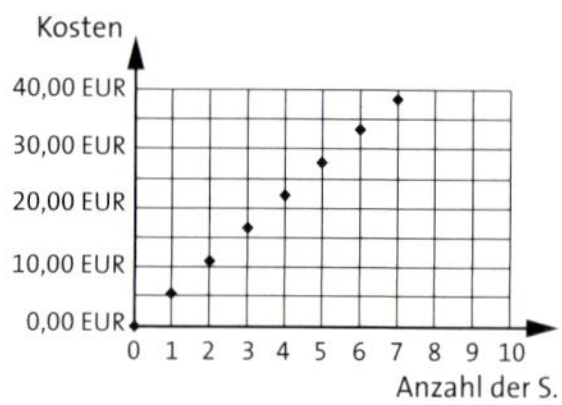

S. 51 **23** **a)** Sie treffen sich nach 50 Minuten.
b) Manfred muss 6 km bis zum Treffpunkt fahren.
c) Hubert muss 10 km bis zum Treffpunkt fahren.
d) Hubert braucht 80 Minuten bis Schönborn.
e) Manfred braucht ca. 133 Minuten bis Wintershausen.

S. 52 **24** **a)** Die Währungen (der Geldbetrag) Dänische Kronen und Euro;
b) der Eurobetrag; **c)** der Kronenbetrag
d)

Geldbetrag in €	Geldbetrag in DK
1	7,50
50	375,00
100	750,00
150	1125,00
200	1500,00
250	1875,00
300	2250,00
350	2625,00
400	3000,00
450	3375,00
500	3750,00
600	4500,00

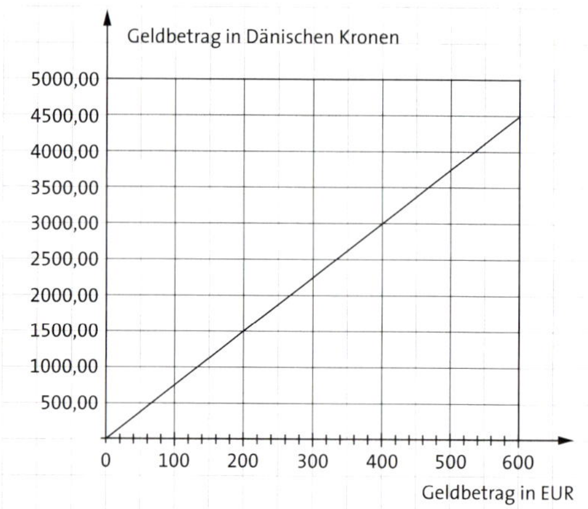

S. 52 **25** a) 1C; 3D; 4A; 5B; b)

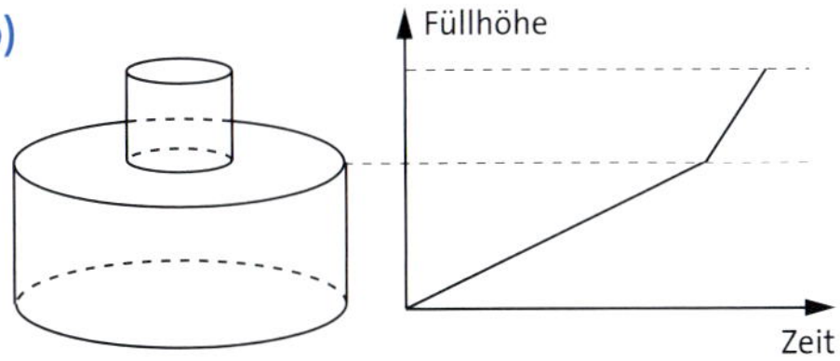

S. 53 **26** a) Es müssen die Nullstellen der Funktion bestimmt werden. Bedingung: $f(x) = 0$.

$-\frac{1}{92}x^2 + 69,3 = 0 \quad | -69,3$

$-\frac{1}{92}x^2 = -69,3 \quad | \cdot (-92)$

$x^2 = 6375,5 \quad | \sqrt{\ }$

$x_1 = \sqrt{6375,6}; x_2 - -\sqrt{6375,6}$

$x_1 \approx 79,85; \quad x_2 \approx -79,85$

Die Spannweite beträgt etwa 159,7 m.

b) Der Scheitelpunkt muss bestimmt werden; durch Überführung in die allgemeine Scheitelpunktform oder die Formel $S\left(\frac{-b}{2a} \,|\, \frac{4ac - b^2}{4a}\right)$. $a = -\frac{1}{92}$; $b = 0$; $c = 69,3$; $S\ (0|69,3)$

Der Scheitelpunkt der Brücke liegt 69,3 m über dem Erdboden.

S. 53 **27** a) Scheitelpunkte bestimmen: Nele: $S\ (10|2)$; Louis: $S\ (1|8)$; Nele wirft 2 m, Louis 8 m hoch.

b) Nullstellen bestimmen: Nele: $N_1\ (0|0)$, $N_2\ (20|0)$; Louis: $N_1\ (0|0)$, $N_2\ (2|0)$; Nele wirft 20 m, Louis 2 m weit.

S. 54 **28** Extremalbedingung: Die Stallfläche soll möglichst groß werden.

Zielfunktion: $A = x \cdot y$

Nebenbedingung: $U = 2x + 2y = 8$

Umformen der Nebenbedingung: $y = -x + 4$

Einsetzen: $A(x) = x(-x + 4) = -x^2 + 4x$

Scheitelpunktform bestimmen: $A(x) = -x^2 + 4x = -(x - 2)^2 + 4$; $S\ (2|4)$

Die Stallfläche wird möglichst groß, wenn sie die Form eines Quadrats mit der Seitenlänge $x = 2$ m hat. Die Fläche beträgt $A = 4\ m^2$.

S. 54 **29** Extremalbedingung : Die Gehegefläche soll möglichst groß werden.

Zielfunktion: $A = x \cdot y$

Nebenbedingung: $U = 2x + y = 18$

Umformen: $y = -2x + 18$

Einsetzen: $A = x(-2x + 18)$

Scheitelpunktform bestimmen:

$A = x(-2x + 18) = -2(x - 4,5)^2 + 40,5$; Scheitelpunkt: $S\ (4,5|40,5)$

Bei einer Seitenlänge von 4,5 m wird der Flächeninhalt maximal, nämlich $40,5\ m^2$.

Seitenlänge: $y = -2 \cdot 4,5\ m + 18\ m = 9\ m$

3 Dreisatz, Prozent- und Zinsrechnung

S. 55 **1** a) Die größere Verpackung ist günstiger, denn beim 1,5-kg-Sack kostet das Kilogramm 50 ct, beim 5-kg-Sack kostet es 45 ct.
b) Sie muss 3,75 € zahlen.
c) Nein, sie zahlt im Geschäft etwa 47 ct pro Kilogramm.

S. 55 **2** a) In einer Stunde verbraucht er 4,5 Liter.
b) Für drei Rasenflächen benötigt er 2 Stunden.
c) Zu viert dauert es 10 Minuten. d) Zu dritt hätten sie 40 Minuten gebraucht.

S. 56 **3** In der 6a haben 32 % der Schüler mit der Note 2 abgeschnitten, in der 6b nur 30 %. Also hat in der 6a ein größerer Anteil der Schüler mit 2 abgeschnitten.

S. 56 **4** Er muss 83,16 € bezahlen.

S. 56 **5** Die Mehrwertsteuer beträgt 51,30 €.

S. 56 **6** a) um 50 %; b) um 20 %

S. 57 **7** 7 Monitore müssen ausgetauscht werden.

S. 57 **8** a) Kleist Schule:

Fahrrad	Bus	zu Fuß	gesamt
340	155	105	600
$56,\overline{6}$ %	$25,8\overline{3}$ %	17,5 %	100 %

Kafka Schule:

Fahrrad	Bus	zu Fuß	gesamt
115	75	110	300
$38,\overline{3}$ %	25 %	$36,\overline{6}$ %	100 %

b) Kleist Schule:

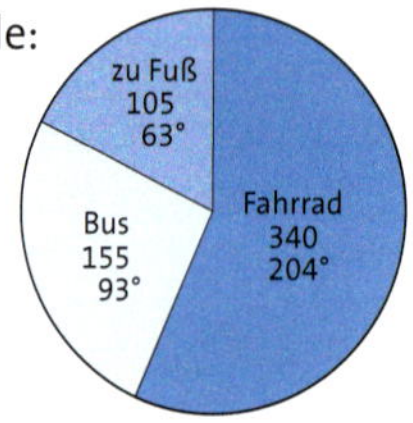

Kafka Schule:

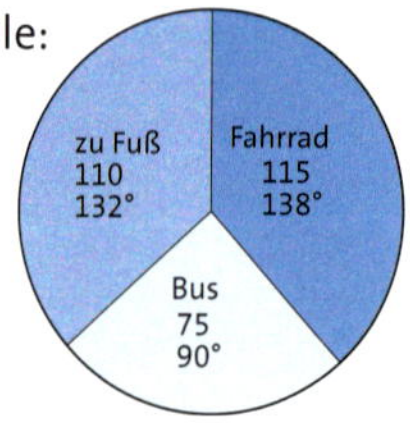

S. 57 **9** René: $\frac{21}{30} = \frac{7}{10} = 70\,\%$; André: $\frac{13}{20} = \frac{6,5}{10} = \frac{65}{100} = 65\,\%$; René hat die höhere Trefferquote.

S. 57 **10** a) 63 Frauen arbeiten in der Firma.
b) 30 % der Mitarbeiter sind im Büro tätig.
c) Der Betrieb hat 175 Beschäftigte.

S. 57 **11** a) Mädchen: $\frac{27}{45} = 60\,\%$ (Jungen: 40 %); 60 % sind Mädchen; 40 % sind Jungen.
b) Mädchen: $\frac{30}{48} = 62,5\,\%$ (Jungen: 37,5 %); wenn drei neue Mädchen dazukommen, beträgt der prozentuale Anteil der Mädchen 62,5 %, der der Jungen 37,5 %.

S. 57 **12** 100 % – 30 % = 70 %; er muss noch 70 % des ursprünglichen Preises bezahlen.
70 % ≙ 70 €, d. h., 100 % ≙ 100 €; er spart 30 €.

S. 58 **13** 100 % – 15 % = 85 %; er muss noch 85 % des ursprünglichen Preises bezahlen.
85 % ≙ 68 €, d. h., 100 % ≙ 80 €; er bekommt 12 € Rabatt.

S. 58 **14** Die Anlage kostet nach der Preiserhöhung 117 % = 175,50 €. Damit gilt:
100 % ≙ 150 €. Vorher hat die Anlage 150 € gekostet.

S. 58 **15** Die Sonderpackung enthält 50 % mehr Inhalt, d. h., sie enthält 150 % des normalen Packungsinhalts: 150 % ≙ 6 Muffins, 100 % ≙ 4 Muffins. In der Originalverpackung sind 4 Muffins enthalten.

S. 58 **16** a)

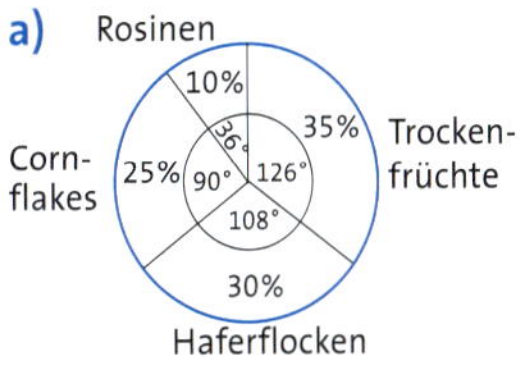

b)

S. 58 **17** a) Es sind 8,75 g Salz enthalten.

b) In der 1-kg-Mischung (Meerwasser) sind 35 g Salz enthalten, damit sind in der 5-kg-Mischung auch 35 g Salz enthalten. 35 g entsprechen 0,7 % von 5000 g. Der Salzgehalt beträgt also 0,7 %.

S. 58 **18** 5 % von 2000 ml entsprechen 100 ml; 40 % von 1000 ml entsprechen 400 ml. Damit enthält die Mischung 500 ml Saft von 3000 ml, das entspricht einem Prozentsatz von etwa 16,7 %.

S. 58 **19** 3726 € · 19 % = 707,94 €; 707,94 € Steuern fallen an.

S. 59 **20** 2354,40 € entsprechen 72 %; 100 % sind dann 3270 €.

S. 59 **21** a) $p\,\% = \frac{42\,565}{82\,464} \approx 51{,}62\,\%$; etwa 51,62 % der Einwohner sind erwerbstätig.

b) Arbeitnehmer: $p\,\% = \frac{34\,317}{38\,672} \approx 88{,}74\,\%$; Selbstständige: $p\,\% = \frac{4355}{38\,672} \approx 11{,}26\,\%$

Etwa 88,74 % der Erwerbstätigen sind Arbeitnehmer; etwa 11,26 % sind selbstständig.

c) $82\,464 - 38\,672 = 43\,792$; $p\,\% = \frac{43\,792}{82\,464} \approx 53{,}1\,\%$

Ungefähr 53,1 % der Gesamtbevölkerung sind nicht erwerbstätig.

S. 59 **22** Fotogröße 9 cm × 12 cm: $9\,\text{cm} \cdot 12\,\text{cm} = 108\,\text{cm}^2$; Fotogröße 30 cm × 40 cm: $30\,\text{cm} \cdot 40\,\text{cm} = 1200\,\text{cm}^2$

a) $G = 1200, W = 108$; $p\,\% = \frac{108}{120} = 9\,\%$

Die Fläche des kleinen Fotos entspricht etwa 9 % der Fläche des großen Fotos.

b) $G = 108, W = 1200$; $p\,\% = \frac{1200}{108} = 1111{,}1\,\%$

Das kleine Foto wurde um gut 1111 % vergrößert.

S. 59 **23** 27 % von 158 sind 42,66. Es wurden 43 Fahrzeuge beanstandet.

S. 59 **24** 40 € von 450 € sind ca. 8,9 %. Sie müssen ungefähr 8,9 % mehr Miete bezahlen.

S. 59 **25** 562 Fliesen entsprechen 92 %, daraus folgt: 100 % entsprechen 610,87 Fliesen. Der Fliesenleger muss insgesamt ca. 611 Fliesen kaufen.

S. 60 **26** 80 % entsprechen 23 600 €. Daraus folgt: 100 % entsprechen 29 500 €. Der Preis des Neuwagens betrug vor der Senkung 29 500 €.

S. 60 **27** Die Überschrift der Anzeige steht im Widerspruch zu ihrem Inhalt, denn jeder Vierte entspricht 25 % und nicht 4 % der Befragten.

S. 60 **28** Sechs Leute entsprechen 150 %, dementsprechend sind 100 % vier Leute. Der Fahrstuhl ist nur für vier Personen zugelassen.

S. 60 **29** Preis nach der 1. Senkung: 465,50 €; Preis nach der 2. Senkung: 418, 95 €

Senkung gesamt: 71,05 €; $p = \frac{71{,}05 \cdot 100}{490} = 14{,}5\,\%$

Der Preis wurde insgesamt um 14,5 % (nicht um 15 %!) gesenkt.

S. 60 **30** Die Mehrwertsteuer von 19 % wird auf den Nettopreis aufgeschlagen; 179 € entsprechen also 119 %. 100 % sind dann 150,42 €. Der Preis wurde also nicht ganz um die Mehrwertsteuer erniedrigt.

S. 61 **31** Man bekommt 13,50 €.

S. 61 **32** a) Er hat 11 % Gewinn erzielt. b) Er hätte 1200 € bekommen. c) Er hat 20 000 € angelegt.

S. 62 **33** a) Er bekommt 333,33 € pro Tag. In einer Woche bekommt er 2333,33 €; in einem Vierteljahr 30 000 €.
b) Es dauert 99 Tage.

S. 62 **34** $t = 15 + 5 \cdot 30 + 20 = 185$ Tage; $Z_t = \frac{500 \cdot 2{,}5 \cdot 185}{100 \cdot 360}\,€ = 6{,}42\,€$
Sie bekommt 6,42 € Zinsen.

S. 62 **35** A: $K_A = \frac{Z \cdot 100}{p} = \frac{26{,}64 \cdot 100}{3{,}7}\,€ = 720\,€$; B: $K_B = \frac{Z \cdot 100}{p} = \frac{28{,}72 \cdot 100}{4}\,€ = 718\,€$
Am Anfang des Jahres befand sich auf Konto A der höhere Geldbetrag von 720 €.

S. 62 **36** a) Zeitraum: Juni: 30; Juli: 30; August: 20 Tage; insgesamt 80 Tage:
$Z_{80} = 360 \cdot 2{,}5\,\% \cdot \frac{80}{360} = 9 \cdot \frac{80}{360} = 2{,}00\,€$.
b) März: 26 Tage; April – September: 180 Tage; Oktober: 30 Tage; insgesamt 236 Tage: $Z_{214} = 9 \cdot \frac{236}{360} = 5{,}90\,€$
c) Dezember 6 Tage; Januar – April 120 Tage; Mai 4 Tage; insgesamt 130 Tage:
$Z_{130} = 9 \cdot \frac{130}{360} = 3{,}25\,€$.

S. 62 **37** $Z = \frac{K \cdot p}{100} = \frac{8000 \cdot 6{,}9}{100} = 552\,€$; die Firma muss jährlich 552 € Zinsen bezahlen.

S. 63 **38** $p = \frac{Z \cdot 100}{K} = \frac{199 \cdot 100}{1000} = 19{,}9\,\%$
Der Zinssatz beträgt 19,9 %. Diesen Zinssatz kann man als Wucher bezeichnen.

S. 63 **39** Bank A: 1500 € Jahreszins, 125 € Monatszins
Bank B: 1900,08 € Jahreszins, Zinssatz: 9,5 %
Das Angebot der Bank A ist das wesentlich günstigere.

S. 63 **40** Jahreszins: 147 €
Zinsen für 165 Tage: 67,38 €.
Die Zinsen für diesen Zeitraum betragen 67,38 €.

S. 64 **41**

Jahr	Guthaben ohne Zinsen	Zinsen	Guthaben mit Zinsen
2010	1000 €	30 €	1030 €
2011	1030 €	30,90 €	1060,90 €
2012	1060,90 €	31,83 €	1092,73 €
2013	1092,73 €	32,78 €	1125,51 €

S. 65 **42**

	Guthaben	Zinsen	neues Guthaben
2010	2400 €	60 €	2460 €
2011	2460 €	**61,50 €**	**2521,50 €**
2012	**2521,50 €**	**63,04 €**	**2584,54 €**

LÖSUNGEN

S. 65 **43** a) Nach 9 Monaten sind 505,63 € auf seinem Sparbuch.
b) 14. Geburtstag: 507,50 €; 15. Geburtstag: 515,11 €; 16. Geburtstag: 522,84 €.
(2. Lösungsweg: $500\,€ \cdot 1{,}015^3 = 522{,}84\,€$)
c) Der Bezug von 6 € Zinsen in 3 Monaten entspricht einem Jahreszins von 24 €. Damit würde der Zinssatz 4,8 % betragen.

S. 65 **44** Modell I: $q = 1{,}0428$; $n = 3$; $K_0 = 2000\,€$; $K_3 = 2000\,€ \cdot 1{,}0428^3 \approx 2267{,}95\,€$
Modell II: Das Kapital berechnet man am schnellsten mithilfe des Zinsfaktors.
$2000\,€ \cdot 1{,}0375 = 2075{,}00\,€$; $2075\,€ \cdot 1{,}0425 \approx 2163{,}19\,€$; $2163{,}19\,€ \cdot 1{,}044 \approx 2258{,}37\,€$
Das Modell I ist etwas günstiger.

S. 66 **45** Mithilfe der Zinseszinsformel lässt sich schnell ausprobieren, wie viele Jahre nötig sind:
$K_{10} = 500\,€ \cdot 1{,}045^{10} = 776{,}49\,€$
$K_{15} = 500\,€ \cdot 1{,}045^{15} = 967{,}64\,€$
$K_{16} = 500\,€ \cdot 1{,}045^{16} = 1011{,}19\,€$
Im 16. Jahr verdoppelt sich das Kapital. Dies gilt (bei gleichen Bedingungen) auch für jedes andere Anfangskapital, also auch für 2000 €.

S. 66 **46** $q = 1{,}0278$; $K_0 = 3800\,€$; $n = 5$; $K_5 = 3800\,€ \cdot 1{,}0278^5 = 4358{,}40\,€$
Nach 5 Jahren ist das Kapital mit Zinseszinsen auf 4358,40 € angewachsen.

S. 66 **47** Mit Zinseszins: $K_5 = 12\,000\,€ \cdot \left(1 + \frac{3}{100}\right)^5 = 13\,911{,}30\,€$
Ohne Zinseszins: Jahreszins: 360 €
Kapital nach 5 Jahren: $12\,000\,€ + 5 \cdot 360\,€ = 13\,800\,€$.
Werden die Zinsen mitverzinst, ist das Kapital um 111,30 € höher.

S. 66 **48** a) Zinsen nach 5 Monaten: 750 €, gesamte Rückzahlung: 15 750 €
b) $Z = 15\,000\,€ \cdot \left(1 + \frac{12}{100}\right)^5 = 26\,435{,}10\,€$
Die gesamte Rückzahlung beträgt 26 435 €, d. h., es sind 11 435,10 € Zinsen zu zahlen.

4 Geometrie

S. 67 **1** a)

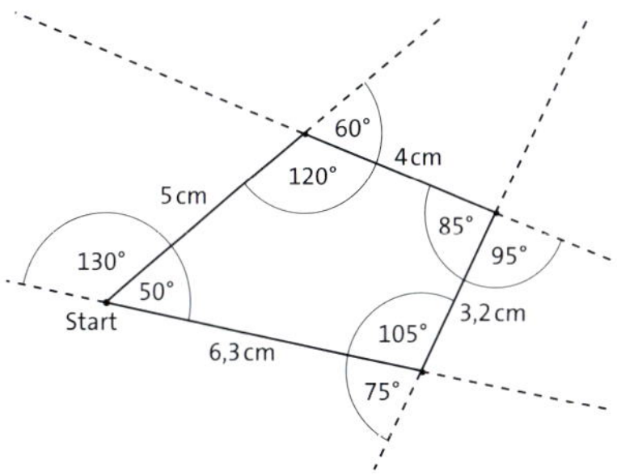

b) Willi befindet sich an seinem Startpunkt.
c) Er müsste sich um 130° nach rechts drehen.
d) Insgesamt hat er sich um 360° gedreht.

S. 67 **2** Er überstreicht 108°.

S. 68 **3** Er braucht 2 Minuten.

LÖSUNGEN

S. 68 **4** In einer Minute überstreicht der Minutenzeiger einen Winkel von $360° : 60 = 6°$.

a) $120°$ $(= 20 \cdot 6°)$ **b)** $78°$ $(= 13 \cdot 6°)$
c) $492°$ $(= 82 \cdot 6°)$ **d)** $900°$ $(= 150 \cdot 6°)$

S. 69 **5** **a)** $\alpha = 34°$; $\beta = 34°$; **b)** $\alpha = 100°$; $\beta = 80°$; **c)** $\alpha = 145°$; $\beta = 35°$; **d)** $\alpha = 120°$; $\beta = 60°$

S. 69 **6** $\gamma = 150°$

S. 70 **7** Der See hat eine Länge von ca. 86 m.

S. 70 **8** Der Durchmesser der Kugel beträgt ca. 6,6 mm.

S. 71 **9** **a)**

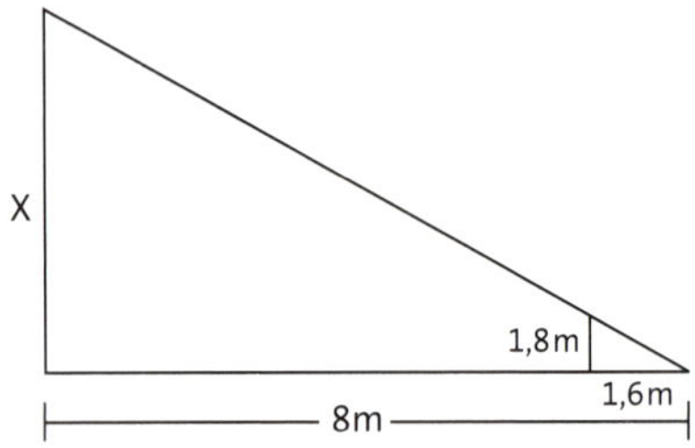

b) Der Baum ist ca. 9 m hoch. Philipp hat die Höhe gut eingeschätzt.

S. 71 **10**

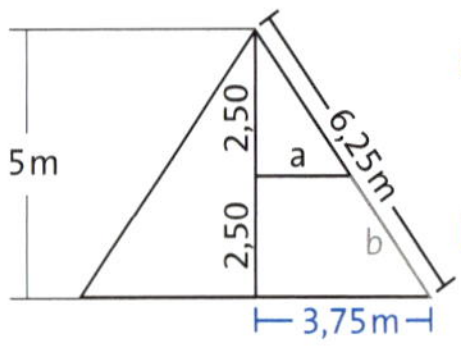

a) $a = \frac{2,5}{5} \cdot 3,75\,m = 1,875\,m$

Die Breite der eingezogenen Decke beträgt 3,75 m.

b) $b = \frac{2,5}{5} \cdot 6,25\,m = 3,125\,m$

Die Länge der schrägen Wand beträgt 3,125 m.

S. 71 **11** $\frac{h}{400\,m} = \frac{407\,m}{1000\,m} = 0,407$

Fahrstrecke 400 m: h = 162,8 m; Fahrstrecke 1085 m: h ≈ 441,6 m

Die Bahn überwindet eine Höhe von 162,8 m (441,6 m).

S. 71 **12** Den Durchmesser des 1-Euro-Stückes ermittelt Steffen durch Messen: 2,3 cm.

$\frac{x}{0,6\,m} = \frac{26,5\,m}{0,023\,m}$; $x \approx 691,3\,m$

Steffen steht etwa 690 m von dem Gasbehälter entfernt.

S. 72 **13** **a)**

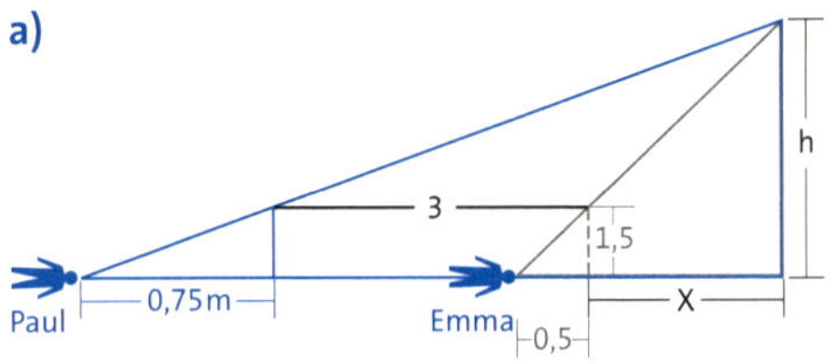

b) Der Berg ist 19,5 m hoch.

S. 72 **14** $\frac{x}{3,8\,m} = \frac{1,80\,m}{1,50\,m}$; $x = 4,56\,m$; $6,24\,m$; $9,60\,m$

Die Höhen der Bäume betragen 4,56 m, 6,24 m und 9,60 m.

S. 73 **15** Entfernung des Mondes ist $60 \cdot 6370\,km = 382\,200\,km$. Man hält einen kreisrunden Körper (Murmel, Geldstück o. ä.), dessen Durchmesser $d_{Körper}$ man bestimmen kann, vor sein Auge, sodass der Mond völlig verdeckt ist. Die Entfernung a vom Auge zum Probekörper muss gemessen werden.

Der Durchmesser des Mondes d_{Mond} wird jetzt berechnet:

$d_{Mond} = \frac{d_{Körper}}{a} \cdot 382\,200\,km$

S. 73 **16** Abgelesener Wert: 2 cm; $\frac{x}{1\,cm} = \frac{2\,cm}{10\,cm} \Leftrightarrow x = 0{,}2\,cm$.
Der Durchmesser des Zylinders beträgt 0,2 cm.

S. 73 **17** a) $\frac{\overline{AB}}{\overline{BC}} = \frac{\overline{DE}}{\overline{DC}}$; $\overline{AB} = \frac{\overline{DE} \cdot \overline{BC}}{\overline{DC}}$; $\overline{AB} = 56\,m$

b) Man kann mit diesen Maßstäben einfacher rechnen; die Flussbreite steht dann zur Strecke $\overline{DE}$ immer im gleichen Verhältnis.

S. 73 **18** $\frac{x}{2\,m} = \frac{9{,}40\,m}{1{,}90\,m} \Leftrightarrow x \approx 9{,}90\,m$; der Mast ist ca. 9,90 m hoch.

S. 74 **19** $A' = a' \cdot b'$; $a' = 12{,}6\,cm$; $\frac{a'}{a} = \frac{b'}{b}$; $\frac{12{,}6\,cm}{4{,}2\,cm} = \frac{7{,}5\,cm}{2{,}5\,cm} = 3$
Beide Rechtecke sind zueinander ähnlich, da der Quotient aus den entsprechenden Seiten jeweils gleich groß (3) ist.

S. 74 **20** $k^3 = 27$; $k = 3$

a) Die Kantenlängen der größeren Schachtel betragen 15,9 cm, 10,8 cm und 4,5 cm.

b) $A_O = 2(ab + ac + bc)$; $A_O = 64{,}86\,cm^2$; $A_O' = k^2 \cdot A_O$; $A_O' = 583{,}74\,cm^2$
Man benötigt die 9-fache Kartonfläche.

S. 74 **21** a) $k = \frac{180\,mm}{24\,mm} = \frac{270\,mm}{36\,mm} = 7{,}5$

b) $k = \frac{200\,mm}{24\,mm} = \frac{300}{36\,mm} \approx 8{,}33$

c) $k = \frac{300\,mm}{24\,mm} = \frac{450\,mm}{36\,mm} = 12{,}5$

Die Vergrößerungsfaktoren betragen 7,5; etwa 8,33 und 12,5.

S. 74 **22** $A = a \cdot b$; $b = 6\,cm$; $k = \frac{a'}{a} = 5$; $A' = k^2 \cdot A$; $A' = 480\,cm^2$; $A' = a' \cdot b'$; $b' = 30\,cm$
Die zweite Seite des Bildes ist 30 cm lang.

S. 75 **23** $A_D = \frac{a \cdot b}{2}$, damit gilt: $b = \frac{2 \cdot A_D}{a}$; $b = 10\,cm$

S. 75 **24** a)

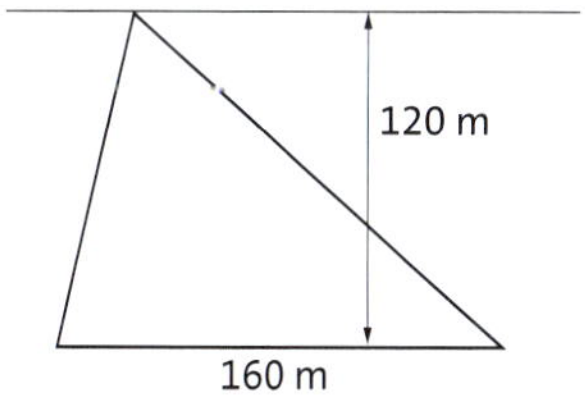

Eine Konstruktion würde unendlich viele Dreiecke ergeben, die allerdings alle den gleichen Flächeninhalt haben.

b) $A_D = \frac{a \cdot b}{2}$; $A = 9600\,m^2 \approx 1\,ha$; der Flächeninhalt beträt 1 ha.

c) $\frac{21{,}2\,t}{0{,}96\,ha}$; Hektarertrag: 22,1 t; der Ertrag pro Hektar beträgt 22,1 t.

S. 76 **25** 1. Winkel $\triangleq x$; 2. Winkel $\triangleq 1{,}5x$; 3. Winkel $\triangleq 3{,}5x$
$x + 1{,}5x + 3{,}5x = 180°$; also $x = 30°$; damit gilt: $\gamma = 105°$; $\alpha = 30°$; $\beta = 45°$

S. 76 **26** $U = a + b + c$; $x + 7 + x + 2 + x = 30$; $x = 7$; die drei Seiten sind 7 m, 9 m und 14 m lang.

S. 76 **27** $\alpha = 36°$; $\beta = 54°$; $\gamma = 90°$; $\alpha' = 144°$; $\beta' = 126°$; $\gamma' = 90°$

S. 76 **28** $\alpha' + \beta' + \gamma' = 360°$
Der 3. Außenwinkel beträgt 123°. Der dazugehörige Innenwinkel beträgt 57°.

LÖSUNGEN

S. 76 **29** (I) $\alpha = \beta$; (II) $\gamma = \alpha + 30°$; (III) $\alpha + \beta + \gamma = 180°$
(I) + (III): $2\alpha + \gamma = 180°$; (II) + (III): $2\alpha + \alpha + 30° = 180°$; $3\alpha = 150°$; $\alpha = 50°$
(I) $\beta = 50°$; (II) $\gamma = 80°$

S. 77 **30** Soll die neue Feuerwehrstation den gleichen Abstand zu allen Straßen haben, musst du die Winkelhalbierenden (Inkreis) konstruieren.
Soll die neue Feuerwehrstation den gleichen Abstand zu allen Kreuzungen haben, musst du die Mittelsenkrechten (Umkreis) konstruieren.

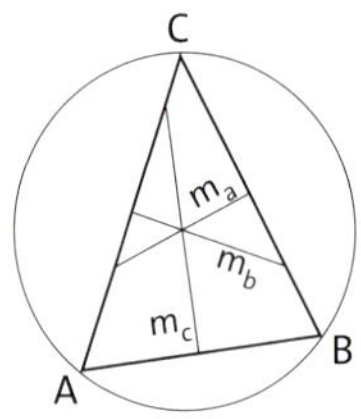

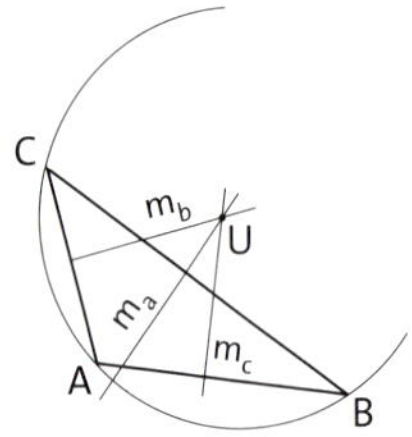

S. 78 **31** $h = \sqrt{(4{,}20\,\text{m})^2 - (1{,}40\,\text{m})^2} \approx 3{,}96\,\text{m}$
Die Leiter berührt die Wand in einer Höhe von etwa 3,96 m.

S. 78 **32** $U = \pi \cdot d$; $d = \frac{U}{\pi}$; $d \approx 0{,}55\,\text{m}$; Seitenlänge des Quadrates: $2a^2 = d^2$; $a = \sqrt{\frac{d^2}{2}}$;
$a \approx 0{,}39\,\text{m}$; $A = 0{,}15\,\text{m}^2$

S. 78 **33** e Flächendiagonale; f Raumdiagonale
$e^2 = a^2 + a^2 = 2a^2$; $e = \sqrt{2a^2}$; $f^2 = e^2 + a^2 = 3a^2$; $f = \sqrt{3a^2}$
$e \approx 7{,}07\,\text{cm}$; $f \approx 8{,}66\,\text{cm}$; $A = a \cdot \sqrt{2a^2} \approx 35{,}36\,\text{cm}^2$.

S. 78 **34** $a = \sqrt{\frac{d^2}{2}}$; $a \approx 12{,}50\,\text{cm}$; $U \approx 50{,}01\,\text{cm}$; $A \approx 156{,}25\,\text{cm}^2$

S. 78 **35** $a + b = 16\,\text{cm}$; $a + (a + 3\,\text{cm}) = 16\,\text{cm}$; $a = 6{,}5\,\text{cm}$; $b = 9{,}5\,\text{cm}$; $A = 61{,}75\,\text{cm}^2$;
$d^2 = a^2 + b^2$; $d \approx 11{,}51\,\text{cm}$
Der Flächeninhalt beträgt $61{,}75\,\text{cm}^2$ und die Diagonalen sind 11,51 cm lang.

S. 79 **36**

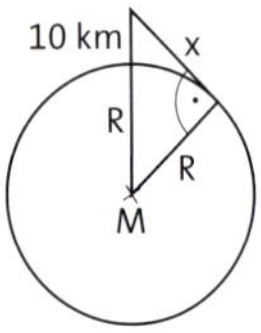

$R = 6370\,\text{km}$; $(6370\,\text{km} + 10\,\text{km})^2 = x^2 + 6370^2$;
daraus folgt: $x = \sqrt{(6370\,\text{km} + 10\,\text{km})^2 - (6370\,\text{km})^2}$; $x \approx 357{,}1\,\text{km}$
Man kann rund 357 km weit sehen.

S. 79 **37** **a)** $c^2 = a^2 + b^2$; $c^2 = (205\,\text{cm})^2 + (18\,\text{cm})^2$; $c \approx 205{,}79\,\text{cm}$
$205{,}79\,\text{cm} \cdot 2 = 411{,}58\,\text{cm}$ (rechtwinklig); $411{,}58\,\text{cm} - 410\,\text{cm} = 1{,}58\,\text{cm}$
Die Wäscheleine dehnt sich bei dieser Belastung um etwa 1,58 cm aus.
b) 109,5 % von 4,10 m sind etwa 4,49 m.
$b^2 = c^2 - a^2$; $b^2 = (2{,}245\,\text{m})^2 - (2{,}05\,\text{m})^2$; $b^2 \approx 0{,}838\,\text{m}^2$; $b \approx 0{,}92\,\text{m}$
Rund 92 cm kann sich die Leine in der Mitte senken, bevor sie reißt.

S. 79 **38** $a^2 = \left(\frac{e}{2}\right)^2 + \left(\frac{f}{2}\right)^2$; $a \approx 3{,}79\,\text{cm}$; $U = 15{,}2\,\text{cm}$; $A = 2 \cdot \frac{1}{2} \cdot f \cdot \left(\frac{e}{2}\right) = \frac{e \cdot f}{2}$; $A \approx 12{,}7\,\text{cm}^2$

S. 79 **39** **a)** $d = (15\,\text{cm})^2 + (25\,\text{cm})^2$; $d \approx 29{,}2\,\text{cm}$
Der Durchmesser sollte etwa 30 cm betragen.
b) $d^2 = 2 \cdot (12\,\text{cm})^2$; $d \approx 17{,}0\,\text{cm}$
Der Baumstamm muss einen Durchmesser von mindestens 17 cm haben.

S. 80 **40** $\tan \alpha = \frac{16\,\text{cm}}{28{,}5\,\text{cm}} = 0{,}5614$; $\alpha \approx 29{,}3°$; der Neigungswinkel beträgt etwa 29,3°.

S. 80 **41** $\sin \alpha = \frac{3{,}80\,\text{m}}{6{,}60\,\text{m}} \approx 0{,}5758$; $\alpha \approx 35{,}2°$; $\cos \alpha = \frac{x}{2 \cdot 6{,}60\,\text{m}}$; $x \approx 10{,}79\,\text{m}$
Der Neigungswinkel beträgt 35,2° und der Giebel ist 10,80 m breit.

S. 80 **42** Flugweite: 692,3 m; Gleitstrecke: 697,5 m

S. 80 **43** Der Turm ist ca. 28,9 m hoch.

S. 81 **44** Die Länge des Tunnels entspricht der Hypotenuse des rechtwinkligen Dreiecks. $\sin 33° = \frac{6{,}5\,\text{km}}{x}$; $x \approx 11{,}9$ km. Die Länge des Tunnels beträgt ca. 11,9 km.

S. 81 **45** Er startet aus einer Höhe von ca. 73 m und legt eine Gleitstrecke von ca. 696 m zurück.

S. 81 **46** $\sin 35° = \frac{x}{5{,}6\,\text{km}}$; $x \approx 3{,}2$ km; die beiden Orte liegen ca. 3,2 km (Luftlinie) voneinander entfernt.

S. 82 **47** $29\,\text{cm} \cdot 5000\,\text{cm} = 145\,000\,\text{cm}^2 = 14{,}5\,\text{m}^2$
Die Fläche, die bedeckt werden kann, ist 14,5 m^2 groß.

S. 82 **48** $18\,\text{m} \cdot 27\,\text{m} = 486\,\text{m}^2$; $486 \cdot 162\,€ = 78\,732\,€$; der erzielte Preis beträgt 78 732 €.

S. 82 **49** Weidefläche: $140\,\text{m} \cdot 56\,\text{m} = 7840\,\text{m}^2$; Zaunlänge: $2 \cdot 140\,\text{m} + 2 \cdot 56\,\text{m} = 392\,\text{m}$
Die Weidefläche ist 7840 m^2 groß, der Zaun muss 392 m lang sein.

S. 82 **50** Platten: $A = 8\,\text{m} \cdot 5\,\text{m} = 40\,\text{m}^2 = 400\,000\,\text{cm}^2$; pro Quadratmeter werden 4 Steine benötigt: $4 \cdot 40 = 160$; Kantensteine: $U = 2 \cdot 8\,\text{m} + 2 \cdot 5\,\text{m} = 26\,\text{m}$
Es werden 160 Platten und 26 Kantensteine benötigt.

S. 83 **51** a) $(90\,\text{cm} + 40\,\text{cm}) \cdot (175\,\text{cm} + 40\,\text{cm}) = 130\,\text{cm} \cdot 215\,\text{cm} = 27\,950\,\text{cm}^2 = 2{,}795\,\text{m}^2$
Frau Otte muss 2,795 m^2 Stoff einkaufen.
b) $2 \cdot 130\,\text{cm} + 2 \cdot 215\,\text{cm} = 690\,\text{cm} = 6{,}9\,\text{m}$; das gesamte Band muss 6,9 m lang sein.

S. 83 **52** a) $35\,\text{m} \cdot 22\,000\,\text{m} = 770\,000\,\text{m}^2 = 7700\,\text{a} = 77\,\text{ha}$
$14\,\text{m} \cdot 22\,000\,\text{m} = 308\,000\,\text{m}^2 = 3080\,\text{a} = 30{,}8\,\text{ha}$
Es müssen 77 ha Wald gerodet werden, um eine 22 km lange Autobahnstrecke zu bauen. Um eine ebenso lange Bahnstrecke zu bauen, müssen je 30,8 ha Wald gerodet werden.
b) $7700\,\text{a} : 3080\,\text{a} = 2{,}5$
Für eine 22 km lange Autobahnstrecke wird also 2,5-mal so viel Platz benötigt wie für eine ebenso lange Bahnstrecke.
c) $1540\,\text{a} + 7700\,\text{a} = 9240\,\text{a}$; $9240\,\text{a} : 3080\,\text{a} = 3$
Unter diesen Voraussetzungen wird für die Autobahnstrecke sogar 3-mal so viel Platz benötigt wie für die Bahnstrecke.

S. 83 **53** a) $300\,\text{cm} \cdot 250\,\text{cm} = 75\,000\,\text{cm}^2$; $2 \cdot 9 \cdot 75\,000\,\text{cm}^2 = 1\,350\,000\,\text{cm}^2 = 135\,\text{m}^2$
$135\,\text{m}^2 : 6 = 22 + 3\,\text{m}^2 : 6$; Frau Horstmann benötigt 23 Dosen Farbe.
b) $2 \cdot 250\,\text{cm} + 2 \cdot 300\,\text{cm} = 1100\,\text{cm}$; $9 \cdot 1100\,\text{cm} = 9900\,\text{cm} = 99\,\text{m}$
Frau Horstmann benötigt insgesamt 99 m Holzleisten.

S. 84 **54** Die gesamte Wand ist $3450\,\text{mm} \cdot 2520\,\text{mm} = 8\,694\,000\,\text{mm}^2$ groß.
Nebeneinander passen 37 Bierdeckel, denn $3450\,\text{mm} : 93\,\text{mm} = 37 + 9\,\text{mm} : 93\,\text{mm}$. Daher bleibt ein dünner Streifen von etwa 9 mm unbeklebt.
Übereinander passen 27 Deckel, denn $2520\,\text{mm} : 93\,\text{mm} = 27 + 9\,\text{mm} : 93\,\text{mm}$.
Auch hier bleibt also ein etwa 9 mm breiter Streifen frei. Insgesamt werden also $27 \cdot 37 = 999$ Bierdeckel benötigt, um die gesamte Wand damit zu tapezieren.
Mit 888 Bierdeckeln kann Noah nur $888 \cdot 93\,\text{mm} \cdot 93\,\text{mm} = 888 \cdot 8649\,\text{mm}^2 = 7\,680\,312\,\text{mm}^2$ tapezieren. Es bleibt also eine Fläche von $8\,694\,000\,\text{mm}^2 - 7\,680\,312\,\text{mm}^2 = 1\,013\,688\,\text{mm}^2 = 1{,}013\,688\,\text{m}^2$ frei.

S. 84 **55** $3 \cdot 25\,a = 75\,a = 7500\,m^2$; $7500\,m^2 : 120\,m = 750\,000\,dm^2 : 1200\,dm = 625\,dm = 62{,}5\,m$
$3 \cdot 1{,}22\,ha = 3{,}66\,ha = 36\,600\,m^2$; $36\,600\,m^2 : 120\,m = 305\,m$
Das Feld war mindestens 62,5 m und höchstens 305 m lang.

S. 84 **56** Die Gesamtfläche (4 Wände und 1 Decke) beträgt $54\,m^2$. Die Farbe reicht nicht.

S. 85 **57** a) Die Terrasse ist $18\,m^2$ groß.
b) Der gesamte Plattenbelag wiegt 630 kg.
c) Er braucht 72 Platten.

S. 85 **58** $1660 : 48 \approx 34{,}6$; die Breite des Grundstücks beträgt jetzt 34,6 m

S. 85 **59** a) Die Gemeinde müsste 21 529 € zahlen.
b) Das Grundstück müsste ca. 6 m breit sein.

S. 86 **60**

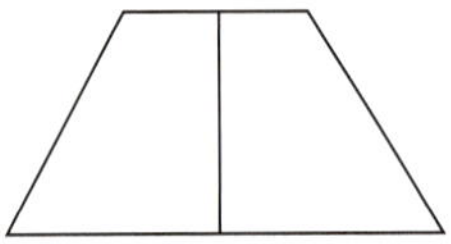

Die Querschnittsfläche beträgt $49{,}35\,m^2$.

S. 86 **61** a) $a + b = 8{,}9\,cm$; $b + 1 + b = 8{,}9\,cm$; $b = 3{,}95\,cm$; $a = 4{,}95\,cm$
b) $A = 11{,}385\,cm^2$ ($22{,}77\,cm^2$)

S. 87 **62**

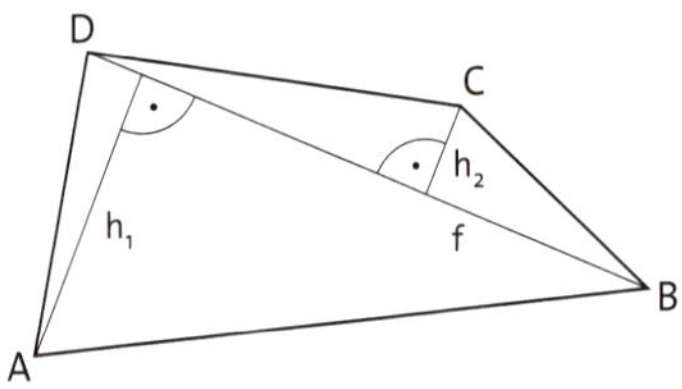

a) $A_1 = \frac{f \cdot h_1}{2}$; $A_1 \approx \frac{5{,}9\,cm \cdot 2{,}0\,cm}{2}$; $A_1 \approx 4{,}2\,cm^2$
$A_2 = \frac{f \cdot h_2}{2}$; $A_2 \approx \frac{4{,}2\,cm \cdot 0{,}6\,cm}{2}$; $A_2 \approx 1{,}3\,cm^2$
$A = A_1 + A_2 \approx 5{,}5\,cm^2$
Das Grundstück ist $550\,m^2$ groß.

b) $U = a + b + c + d$; $U = 4{,}3\,cm + 1{,}8\,cm + 2{,}6\,cm + 2{,}0\,cm = 10{,}7\,cm$
Der Zaun wird 107 m lang.

S. 87 **63** a) Die lange Seite des Grundstückes ist 212 m lang.
b) Er muss 564 m Zaun kaufen. c) Er müsste 16 074 € bezahlen.

S. 88 **64** a) Nein, das genügt nicht. Um ganz sicher zu gehen, muss man 10 m Abstand halten.

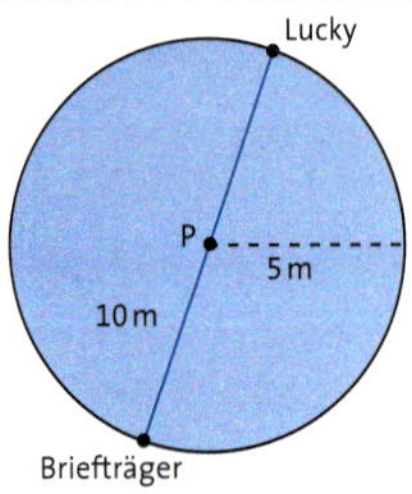

b) Man sollte 18 m Abstand halten.

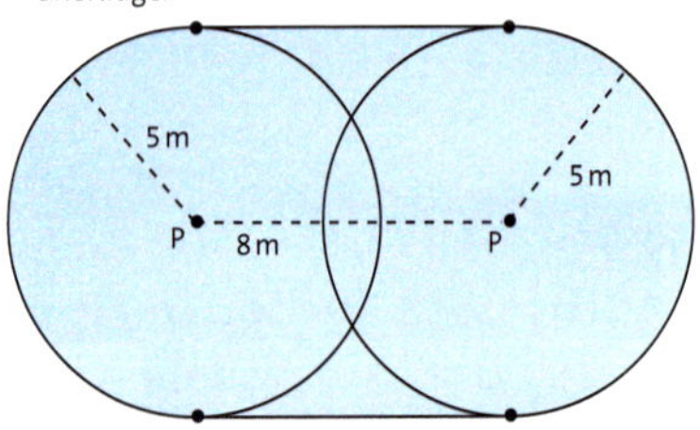

S. 88 **65** a) Der Schieber kann maximal 4 cm bewegt werden.
b) Der Gummistreifen muss 12,6 cm lang sein.

S. 89 **66** $U = 2\pi \cdot r$; $U = 2\pi \cdot 6\,370\,000$ m; Erdumfang $U = 40\,023\,890{,}41$ m;
Erdumfang + 1 = $U^* = 40\,023\,891{,}41$ m;
der Radius r^* berechnet sich wie folgt: $r^* = \frac{U^*}{2\pi} = \frac{40\,023\,891{,}41\text{ m}}{2\pi} = 6\,370\,000{,}16$ m
Die Differenz zwischen r^* und r beträgt 16 cm, die Maus passt also sicher zwischen Band und Erde.

S. 89 **67** a) Durchmesser messen; Umfang berechnen; Streckenlänge durch Umfang dividieren (individuelle Lösung)
b) 28'' $d = 28 \cdot 2{,}54$ cm $= 71{,}12$ cm; $U \approx 2{,}23$ m
Die Räder des Fahrrades haben 12 556 Umdrehungen durchgeführt.

S. 89 **68** a) $A = \pi \cdot r^2 + l \cdot d$; $A = \pi \cdot (0{,}75\text{ m})^2 + 2{,}25\text{ m} \cdot 1{,}5\text{ m}$; $A \approx 5{,}14\text{ m}^2$
b) $U = 2\pi \cdot 0{,}75\text{ m} + 2 \cdot 2{,}25$ m; $U \approx 9{,}21$ m; 12 Personen können am Tisch sitzen.

S. 90 **69** $U = \pi \cdot d$; $U \approx 2{,}21$ m; $s = 7083$ m
Mit der Gleichung $v = \frac{s}{t}$ berechnet man die Geschwindigkeit während eines Zeitraums t. (v: Geschwindigkeit, s: Weg, t: Zeit)
$v = \frac{7083\text{ m}}{300\text{ s}}$; $v = 23{,}6\ \frac{\text{m}}{\text{s}} \approx 85\ \frac{\text{km}}{\text{h}}$
Die Geschwindigkeit des Motorrades beträgt ungefähr 85 $\frac{\text{km}}{\text{h}}$.

S. 90 **70** $d = \frac{U}{\pi}$; $d_2 \approx 2{,}4$ m; $r_2 \approx 1{,}2$ m; $A = \pi \cdot r^2$; $A_2 \approx 4{,}52\text{ m}^2$
$A_1 = 4{,}52\text{ m}^2 - 2{,}51\text{ m}^2 \approx 2{,}01\text{ m}^2$; $r_1 \approx 0{,}8$ m

S. 90 **71** s_G = Weg des großen Zeigers; r_G = Länge des großen Zeigers; s_K = Weg des kleinen Zeigers; r_K = Länge des kleinen Zeigers
a) Der große Zeiger läuft an einem Tag 24-mal herum, der kleine 2-mal.
$s_G = 2\pi \cdot r_G \cdot 24$; $s_G \approx 181$ m; $s_K = 2\pi \cdot r_K \cdot 2$; $s_G \approx 11{,}9$ m
Die Spitze des großen Zeigers legt am Tag einen Weg von 181 m zurück, die des kleinen Zeigers 11,9 m.
b) $A \approx 7{,}1\text{ m}^2$; das Zifferblatt ist 7,1 m^2 groß.

S. 90 **72** $r_1 \approx 3{,}2$ m; $r_2 \approx 4{,}5$ m; $A \approx 31{,}4\text{ m}^2$; $V \approx 31{,}4\text{ m}^3$ (Länge: 1 m)
Pro laufendem Meter werden 31,4 m^3 Beton verarbeitet.

S. 90 **73** $\pi \cdot (r_2 + 10)^2 - \pi \cdot r_2^2 = \pi \cdot \left((r_2 + 10)^2 - r_2^2\right) = 500\text{ cm}^2$. Gleichung nach r_2 auflösen liefert $r_2 = 2{,}96$ cm. Der Radius des inneren Kreises ist 2,96 cm, der des äußeren Kreises 12,96 cm groß.

S. 90 **74** $r = \frac{A}{\pi}$; $r = 4{,}1$ cm; $U = 25{,}8$ cm

S. 91 **75** $r = \frac{400\,547\text{ km}}{2\pi} = 6378{,}14$ km; der Radius ist 6378,14 km lang.

S. 91 **76** $A_{\text{Kreis groß}} = 3{,}14 \cdot (10\text{ m})^2 = 314\text{ m}^2$; $A_{\text{Kreis klein}} = 3{,}14 \cdot (6{,}5\text{ m})^2 = 132{,}67\text{ m}^2$
$A_{\text{Sitzfläche}} = (314 - 132{,}67)\text{ m}^2 = 181{,}33\text{ m}^2$; es stehen 181,33 m^2 zur Verfügung.

S. 91 **77** Rasenfläche: $A = 3{,}14 \cdot (6\text{ m})^2 = 113{,}04\text{ m}^2$
$A_{\text{gesamt}} = (113{,}04 + 88)\text{ m}^2 = 201{,}04\text{ m}^2$, daraus folgt r = 8 m.
Breite Blumenbeet: 8 m – 6 m = 2 m
Das Blumenbeet kann 2 m breit werden.

S. 91 **78** Da maximal 30 Kreise dieser Größe ausgestanzt werden können, gilt für den Verschnitt: $A_{\text{Rechteck}} = 3000\text{ cm}^2$, $A_{\text{Kreis}} = 78{,}5\text{ cm}^2$; $A_{\text{Verschnitt}} = (3000 - 30 \cdot 78{,}5)\text{ cm}^2 = 645\text{ cm}^2$. Die Fläche des Verschnitts beträgt 645 cm^2.

S. 91 **79** Fläche Verkehrskreisel: $A = 113{,}04\ m^2$; Seitenlänge des Quadrates ist mithilfe des Satzes von Pythagoras berechenbar: $(6\ m)^2 + (6\ m)^2 = c^2$; $c = 8{,}5\ m$
Rasenfläche: $A = (8{,}5\ m)^2 = 72\ m^2$; Kosten: 1080 €
Blumenbeet: $A = (113{,}04 - 72)\ m^2 = 41{,}04\ m^2$, Kosten: 1436,40 €
Die Gesamtkosten für die Bepflanzung des Verkehrskreisels belaufen sich auf 2516,40 €.

S. 92 **80** $630\,000\ l = 630\,000\ dm^3$; $15\ m \cdot 12\ m = 180\ m^2 = 18\,000\ dm^2$
$630\,000\ dm^3 : 18\,000\ dm^2 = 35\ dm = 3{,}5\ m$
Das Becken muss mindestens 3,5 m tief sein.

S. 92 **81** $1700\ cm \cdot 120\ cm \cdot 25\ cm = 5\,100\,000\ cm^3$
$240\ mm \cdot 125\ mm \cdot 120\ mm = 3\,600\,000\ mm^3 = 3600\ cm^3$
$5\,100\,000\ cm^3 : 3600\ cm^3 = 1416 + 2400 : 3600$
Herr Lehmann braucht nach dieser Rechnung also mindestens 1417 Steine (der abgeschlagene Überstand der Steine wird wieder verwendet).
Oder: In der Breite (Dicke) passen 2 Steine neben-, in der Höhe 10 Steine übereinander. 20 Steine ergeben eine 24 cm lange Mauer. $1700\ cm : 24\ cm = 70 + 20 : 24$
Man benötigt in der Länge 71 Reihen.
$71 \cdot 20 = 1420$ Steine (der Überstand wird hier nicht verwendet).

S. 92 **82** $30\ dm \cdot 20\ dm \cdot 15\ dm = 9000\ dm^3$; $9000\ dm^3 : 10\ dm^3 = 900$
Man muss 900 10-Liter-Eimer füllen, um den Teich zu leeren.
Anstrichfläche: $1 \cdot (3\ m \cdot 2\ m) + 2 \cdot (2\ m \cdot 1{,}5\ m) + 2 \cdot (1{,}5\ m \cdot 3\ m) = 21\ m^2$
Die Fläche, die gestrichen werden muss ist $21\ m^2$ groß.

S. 93 **83** $2\ cm \cdot 15\ cm \cdot 500\ cm = 15\,000\ cm^3$; $8\ cm \cdot 2\ cm \cdot 500\ cm = 8000\ cm^3$
$(2 \cdot 15\,000\ cm^3 + 8000\ cm^3) \cdot 7800\ \frac{mg}{cm^3} = 296\,400\,000\ mg = 296{,}4\ kg$
Es ist ein Kran erforderlich, um den Stahlträger zu heben, da dieser ≈ 296 kg wiegt!

S. 93 **84** $2 \cdot (30\ cm \cdot 18\ cm + 30\ cm \cdot 11\ cm + 18\ cm \cdot 11\ cm + 2\ cm \cdot 30\ cm + 2\ cm \cdot 18\ cm) = 2328\ cm^2$
$20\ cm \cdot 30\ cm = 600\ cm^2$; $2328\ cm^2 : 600\ cm^2 = 3 + 528 : 600$
Gregor benötigt also mindestens 4 Zeitungsseiten.

S. 93 **85** Es entstehen 27 kleine Würfel: 8 Eckwürfel mit je 3 ungestrichenen Flächen; 12 Kantenwürfel mit je 4 ungestrichenen Flächen; 6 mittlere Würfel mit je 5 ungestrichenen Flächen; 1 Innenwürfel mit 6 ungestrichenen Flächen.
24 + 48 + 30 + 6 ungestrichene Flächen ergeben $108\ m^2$ Gesamtfläche.

S. 94 **86** Beetfläche: $30\ dm \cdot 26\ dm + 35\ dm \cdot 41\ dm = 2215\ dm^2 = 221\,500\ cm^2$
Volumen Erde: $221\,500\ cm^2 \cdot 8\ cm = 1\,772\,000\ cm^3 = 1772\ l$
$1772\ l : 80\ l = 22 + 12 : 80$; man muss 23 Säcke Erde kaufen.

S. 94 **87** a) $80\ cm \cdot 40\ cm \cdot 25\ cm = 80\,000\ cm^3 = 80\ l$
Anton kann 10 Fische in das Aquarium aufnehmen.
b) $10\ l = 10\ dm^3 = 10\,000\ cm^3$; $80\ cm \cdot 40\ cm = 3200\ cm^2$
$10\,000\ cm^3 : 3200\ cm^2 = 3\ cm + (400 : 3200)\ cm$
Das Wasser steht etwas mehr als 3 cm hoch.
c) $80\ l = 80\,000\ cm^3 = 80\,000\,000\ mm^3$; $12\ m^2 = 120\,000\ cm^2 = 12\,000\,000\ mm^2$
$80\,000\,000\ mm^3 : 12\,000\,000\ mm^2 = 6\ mm + (8 : 12)\ mm$
Das Wasser steht etwas mehr als 6 mm hoch.
d) $2 \cdot 80\ cm \cdot 30\ cm + 2 \cdot 40\ cm \cdot 30\ cm = 7200\ cm^2$
Die Glasoberfläche des Aquariums (ohne Boden und Deckel) ist $7200\ cm^2$ groß.

S. 94 **88** a) $4\,dm \cdot 4\,dm \cdot 4\,dm = 64\,dm^3$; die Mauerlücke muss ein Volumen von $64\,dm^3$ haben.
b) $4\,dm - 2 \cdot 3\,cm = 34\,cm$; $V = 34\,cm \cdot 34\,cm \cdot 34\,cm = 39\,304\,cm^3$
Der Innenraum des Tresors hat ein Volumen von $39\,304\,cm^3$.
c) $64\,000\,cm^3 - 39\,304\,cm^3 = 24\,696\,cm^3$
Der verarbeitete Stahl hat ein Gesamtvolumen von $24\,696\,cm^3$.

S. 95 **89** a) Es müssen $100\,m^3$ Erde ausgehoben werden.
b) $100\,m^3$ Erde wiegen 300 t.

S. 95 **90** $V = 1026\,cm^3 = 1{,}026\,l$; Milchpackungen sind etwas größer als 1 Liter. Eine randvolle Milchtüte könnte man schlecht anschneiden zum Gießen.

S. 95 **91** Fläche des Ölflecks: $50\,mm \cdot 50\,mm = 2500\,mm^2$
Höhe des Ölflecks: $\frac{50\,mm^3}{2500\,cm^2} = 0{,}02\,mm$

S. 96 **92** $A_{Trapez} = 1{,}14\,m^2$; $V = 7{,}41\,m^3$
Man kann die Futterkrippe mit ca. $7{,}4\,m^3$ Kraftfutter füllen.

S. 96 **93** $A_G = 600\,cm^2$; $U = 80\,cm$; $A_M = 2000\,cm^2$; $A_{Loch} \approx 50\,cm^3$
Amelies Vogelhaus besteht aus ca. $2550\,cm^2$ Holz.

S. 97 **94** Die Schreinerin benötigt $1{,}6\,m^2$ Holz zum Bau dieser Kiste.

S. 97 **95** Man benötigt $654\,cm^2$.

S. 97 **96** a) Es würden $0{,}27\,m^2$ Kunststoff benötigt.
b) Der Kübel fasst ca. $13\,dm^3$ (13 l) Blumenerde.

S. 97 **97** Der Stab wiegt ca. 390 g.

S. 98 **98** $\frac{1}{3} V_{Zuckerdose} \approx 25\,cm^3$; $25\,cm^3 : 2\,cm^3 = 12{,}5$
Er kann der Zuckerdose ca. 13 Löffel Zucker entnehmen.

S. 98 **99** Oberflächeninhalt der Mantelfläche ohne den Sockel von 40 cm: $A \approx 14{,}9\,m^2$
Die Anschlagfläche ist ca. $15\,m^2$ groß.

S. 98 **100** $A_M = 2\pi \cdot 0{,}8\,m \cdot 3\,m \approx 15{,}1\,m^2$; $15{,}1\,m^2 : 6\,m^2 \approx 2{,}5$; man benötigt 3 Dosen Lack.

S. 99 **101**

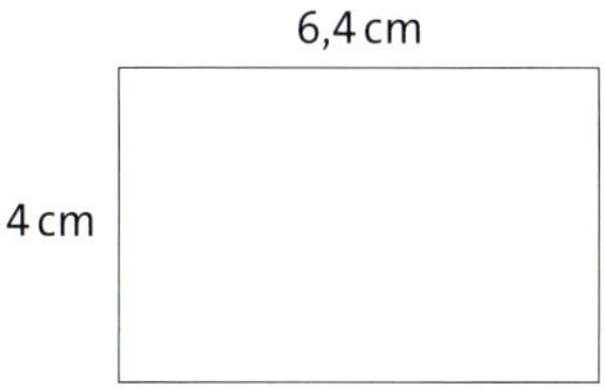

S. 99 **102** $V \approx 42\,411\,cm^3$; $m = \rho \cdot V$; $m = 114{,}5\,kg$; das Rohr kann man nicht alleine tragen.

S. 99 **103** $V = \pi \cdot r^2 \cdot h$, d. h., $40\,000\,cm^3 = \pi \cdot (25\,cm)^2 \cdot h$, $h \approx 20{,}38\,cm$
Das Wasser steht 20,38 cm hoch im Behälter, das entspricht einem Anteil von 20,38 %.

S. 99 **104** $V_{außen} = \pi \cdot r_2^2 \cdot h = \pi \cdot 64\,cm^2 \cdot 3\,cm \approx 602{,}88\,cm^3$
$V_{innen} = \pi \cdot r_1^2 \cdot h = \pi \cdot 25\,cm^2 \cdot 3\,cm \approx 235{,}5\,cm^3$
$V_{gesamt} = V_{außen} - V_{innen} = 367{,}38\,cm^3$
Formel: $V = \pi \cdot r_2^2\, h - \pi \cdot r_1^2 \cdot h = \pi \cdot h \cdot (r_2^2 - r_1^2)$

S. 99 **105** $h \approx \frac{2000\,cm^3}{\pi \cdot (7{,}5\,cm)^2}$; $h \approx 11{,}3\,cm$; es ist bis zu einer Höhe von 11,3 cm gefüllt.

S. 99 **106** **a)** $V = \pi \cdot (5\,cm)^2 \cdot 15\,cm \approx 1177{,}5\,cm^3$
b) $A_O = 2 \cdot (\pi \cdot (5\,cm)^2) + 2 \cdot \pi \cdot 5\,cm \cdot 15\,cm \approx 628\,cm^2$
Zur Herstellung der Dose wurden etwa 628 cm^2 Blech verwendet.

S. 100 **107** $d \approx 7{,}64\,m$; $r \approx 3{,}82\,m$; $V \approx 38{,}2\,m^3$; $m = \rho \cdot V$; $m \approx 70\,670\,kg \approx 70{,}7\,t$
Der LKW muss 18-mal fahren.

S. 100 **108** Umfang ganzer Kreis: $U = 2\pi \cdot r = 2\pi \cdot 40\,cm \approx 251{,}33\,cm$
Kreisbogen b: $\frac{b}{U} = \frac{80°}{360°} \Rightarrow b \approx 55{,}85\,cm^2$
Radius Kegel: $r \approx 8{,}89\,cm$; $V = \frac{1}{3}\pi \cdot r^2 \cdot h \approx 3226{,}09\,cm^3$
Der Rauminhalt der Tüte beträgt 3226,09 cm^3.

S. 101 **109** $V_{Glas\ voll} = \frac{1}{3}\pi \cdot (4\,cm)^2 \cdot 5\,cm \approx 83{,}73\,cm^3$; $V_{Flüssigkeit} = \frac{1}{3}\pi \cdot (2\,cm)^2 \cdot 2{,}5\,cm \approx 10{,}46\,cm^3$
Das Glas ist bezogen auf das Volumen nur zu ca. einem Achtel gefüllt.

S. 101 **110** **a)** $a = \sqrt{\frac{3V}{h}} \approx 5{,}48\,cm$; **b)** $h = \frac{3V}{a^2} = 1\,cm$

S. 102 **111** $r \approx 9{,}23\,cm$; $V \approx 3294\,cm^3 \approx 3{,}29\,dm^3$; das Volumen des aufgeblasenen Luftballons beträgt 3294 cm^3, das entspricht etwa 3,29 l.

S. 102 **112** $V \approx 0{,}524\,m^3$; $m = \rho \cdot V$; $m \approx 141\,480\,g \approx 141{,}5\,kg$
Diese Kugel kann man nicht tragen.

S. 102 **113** **a)** $r \approx 6366\,km$; $V = \frac{4}{3}\pi \cdot r^3$; $V = \frac{4}{3}\pi \cdot (6{,}366 \cdot 10^6\,m)^3$; $V \approx 1{,}08 \cdot 10^{21}\,m^3$
$A_O = 4\pi \cdot r^2$; $A_O \approx 5{,}09 \cdot 10^8\,km^2 = 5{,}09 \cdot 10^{14}\,m^2$
Das Volumen der Erde beträgt etwa $1{,}08 \cdot 10^{21}\,m^3$, die Oberfläche $5{,}09 \cdot 10^{14}\,m^2$.
Flächen werden nicht in km^2 angegeben.
b) 29 % der Erdoberfläche sind Land, das sind $0{,}29 \cdot 5{,}09 \cdot 10^{14}\,m^2 = 1{,}48 \cdot 10^{14}\,m^2$.

S. 102 **114** $d_1 : d_2 = 1 : 3$; $r_1 : r_2 = 1 : 3$; Ergebnis: $A_1 : A_2 = 1 : 9$; $V_1 : V_2 = 1 : 27$
$d_1 : d_2 = 2 : 3$; $r_1 : r_2 = 2 : 3$; Ergebnis: $A_1 : A_2 = 1 : 2{,}25$ oder $A_1 : A_2 = 4 : 9$
$V_1 : V_2 = 1 : 3{,}375$ oder $V_1 : V_2 = 8 : 27$

S. 102 **115** $r_2 \approx 30\,cm$; $r_1 \approx 27\,cm$; $V \approx 30\,649{,}4\,cm^3$; $m = \rho \cdot V$; $m \approx 79{,}7\,kg$
Die Masse der Hohlkugel beträgt 79,7 kg.

S. 103 **116** **a)** $V = \frac{4}{3}\pi \cdot (7{,}5\,cm)^3$; $V \approx 1767\,cm^3$
b) $A_O = 4\pi \cdot r^2$; $A_O \approx 706{,}9\,cm^2$
c) $V_W = d^3$; $V_W = (15\,cm)^3$; $V_W \approx 3375\,cm^3$; $x : 100\,\% = 1767\,cm^3 : 3375\,cm^3$;
$x = 52{,}36\,\%$; der Abfall macht 47,64 % aus.
d) Für alle Kugeln, die in dieser Weise aus Würfeln hergestellt werden, ist der Prozentsatz des Abfalls gleich groß.

S. 103 **117** $V_1 = \frac{4}{3}\pi \cdot r^3 = \frac{4}{3}\pi \cdot (17{,}5\,mm)^3 \approx 22\,449\,mm^3 \approx 11{,}2\,cm^3$
$V_2 = \frac{1}{3}\pi \cdot r^2 \cdot h = \frac{1}{3}\pi \cdot (17{,}5\,mm)^2 \cdot 48\,mm \approx 15{,}4\,cm^3$
$V_{GES} \approx 26{,}6\,cm^3$
$m = \rho \cdot V$ (Blei: $\rho = 11{,}4\,\frac{g}{cm^3}$); $m \approx 303{,}24\,g$
Die Masse des zusammengesetzten Körpers beträgt etwa 303,24 g.
$A_1 = 2\pi \cdot r^2 = 2\pi \cdot (17{,}5\,mm)^2 \approx 19{,}2\,cm^2$; $s = \sqrt{r^2 + h^2} \approx 51{,}1\,mm$
$A_2 = \pi \cdot r \cdot s \approx 28{,}1\,cm^2$; $A_O \approx 47{,}3\,cm^2$
Der Oberflächeninhalt des zusammengesetzten Körpers beträgt ungefähr 47,3 cm^2.

S. 103 **118** $A = 2\pi \cdot r^2$; $r = \sqrt{\frac{A}{2\pi}}$; $r_a \approx 22{,}5$ cm; $r_i \approx 21{,}0$ cm; Differenz der Radien: 1,5 cm
Die Wanddicke des Gefäßes beträgt 1,5 cm.

S. 103 **119** Die Formel $V = \frac{4}{3}\pi \cdot r^3$ nach r aufgelöst ergibt: $r = \sqrt[3]{\frac{3}{4} \cdot \frac{1}{\pi} \cdot V}$. Mit dieser Formel lässt sich der Radius berechnen: $r \approx 3{,}7$ cm.

S. 103 **120** Die Formel $A_O = 4\pi \cdot r^2$ nach r aufgelöst ergibt: $r = \sqrt{\frac{A_O}{4\pi}}$. Mit dieser Formel lässt sich der Radius berechnen: $r \approx 7{,}9$ cm.
$V = \frac{4}{3} \cdot r^3 \approx 2064{,}19 \text{ cm}^3$.

S. 103 **121** Bei einem Umfang von 68 cm beträgt der Radius ca. 10,83 cm und damit das Volumen ungefähr 5318,07 cm³. Bei einem Umfang von 70 cm beträgt der Radius ca. 11,15 cm, das Volumen beträgt etwa 5803,54 cm³. Das Volumen des kleinen Balls ist um ca. 8,37 % kleiner.

5 Wahrscheinlichkeitsrechnung und Statistik

S. 104 **1** **a)** Wenn W_1 eine 1 zeigt, kann W_2 die Zahlen 1 bis 6 zeigen, also (1; 1), (1; 2), ... (1;6). Zeigt W_1 eine 2, kann W_2 die Zahlen 1 bis 6 zeigen usw. Damit ergeben sich $6 \cdot 6 = 36$ Möglichkeiten: $\Omega = \{(1;1); (1;2) \ldots (1;6); (2;1) \ldots (6;6)\}$
b) B = {(1; 1); (1; 2); (3; 1); (3; 2); (5; 1); (5; 2)}; es gibt 6 günstige Ergebnisse.
c) C = {(6; 1); (6; 2); (6; 3); (6; 4); (6; 5); (1; 6); (2; 6); (3; 6); (4; 6); (5; 6)}
Es gibt 10 günstige Ergebnisse.
d) D = {(3; 1); (3; 2); (3; 3); (3; 4); (3; 5); (3; 6); (1; 3); (2; 3); (4; 3); (5; 3); (6; 3)}
Es gibt 10 günstige Ergebnisse.
e) Zu E gehören alle Ergebnisse, die nicht zu D gehören. Damit bleiben 36 – 11 = 25 günstige Ergebnisse.

S. 105 **2** **a)** Ω = {(Zahl; Zahl); (Zahl; Wappen); (Wappen; Zahl); (Wappen; Wappen)}
b) A = {(Zahl; Wappen); (Wappen; Zahl)}
c) B = {(Zahl; Zahl); (Zahl; Wappen); (Wappen; Zahl)}

S. 106 **3** **a)** A = {Herz Bube; Karo Bube; Kreuz Bube; Pik Bube}; $P(A) = \frac{4}{32} = \frac{1}{8}$
b) B = {Kreuz 7; Kreuz 8; Kreuz 9; Kreuz 10; Kreuz Bube; Kreuz Dame; Kreuz König; Kreuz As}; $P(B) = \frac{8}{32} = \frac{1}{4}$.
c) C = {Kreuz Bube; Pik Bube}; $P(C) = \frac{2}{32} = \frac{1}{16}$.
d) Es ist geschickter, das Gegenereignis zu betrachten:
$\overline{D}$ = {Herz 10; Karo 10; Kreuz 10; Pik 10}; $P(\overline{D}) = \frac{4}{32} = \frac{1}{8}$; damit gilt: $P(D) = 1 - \frac{1}{8} = \frac{7}{8}$.

S. 106 **4** Richtige Antworten: **a)**, **b)**, **e)**

S. 107 **5** P(B) = 0,49 = 49 %; P(C) = 0,5 = 50 %; P(D) = 1 = 100 % (sicheres Ereignis); P(E) = 0,5 = 50 %; P(F) = 0 (unmögliches Ereignis).

S. 107 **6** Nein, denn $\frac{19}{50} = 12\frac{2}{3}\,\% \approx 12{,}7\,\%$ der Geräte, die der Mino-Markt verkauft hat, waren fehlerhaft. Da insgesamt 150 Geräte verkauft wurden, wäre laut Hersteller nur mit ca. 1–2 defekten Geräten zu rechnen gewesen. (Es ist aber weiterhin möglich, dass nur 1 % der CD-Player von Playmore Fehler aufweisen, entsprechend gibt es dann weniger defekte Geräte bei den anderen Märkten.)

S. 107 **7** Die Wahrscheinlichkeit, dass Nadja ausgelost wird, beträgt ca. 9 %, vorausgesetzt, dass auf genau einem Zettel in der Kiste ihr Name steht.

S. 108 **8** Nein, dies stimmt nicht. Die Wahrscheinlichkeit, eine 6 zu würfeln, beträgt zwar $\frac{1}{6}$, dies gilt aber für jeden Wurf. Somit besteht auch für jeden Wurf die Wahrscheinlichkeit bzw. die Möglichkeit, keine 6 zu würfeln.

S. 108 **9** **a)** relative Häufigkeit für *gelber Samen*: $\frac{6015}{8012} \approx 75{,}08\,\%$;

relative Häufigkeit für *grüner Samen:* $\frac{1997}{8012} \approx 24{,}93\,\%$;

b) P *(gelber Samen)* $\frac{3}{4} = 75\,\%$; P *(grüner Samen)* $\frac{1}{4} = 25\,\%$;

c) $\frac{3}{4}$ der Erbsen müssten gelb sein, also 7500.

S. 109 **10** **a)** Ω = {(rot; rot); (rot;gelb); (rot; weiß); (gelb; rot); (gelb; gelb); (gelb; weiß); (weiß; rot); (weiß; gelb); (weiß; weiß)}

b)

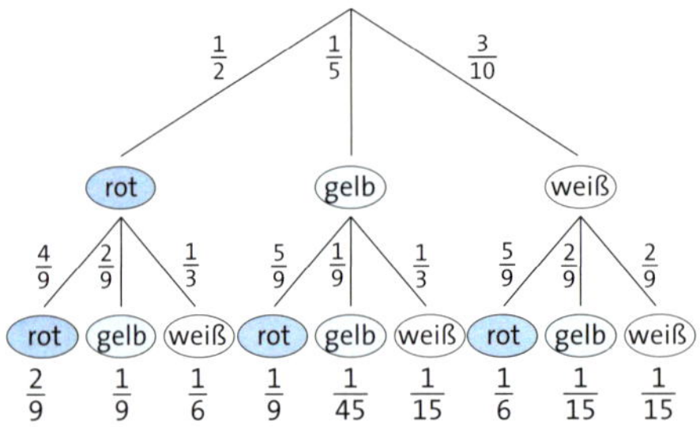

Berechnete Wahrscheinlichkeiten für **c)** bis **f)**:

c) P(genau 1 gelbes Gummibärchen) = P(r; g) + P(g; r) + P(g; w) + P(w; g) = $\frac{32}{90}$

d) P(mindestens 1 weißes Gummibärchen)

= P(r; w) + P(g; w) + P(w; r) + P(w; g) + P(w; w) = $\frac{8}{15}$

e) Betrachte das Gegenereignis: P(mindestens 2 rote Gummibärchen)

= P(r; r) = $\frac{2}{9}$. Damit gilt: P(höchstens 1 rotes Gummibärchen) = $\frac{7}{9}$

f) P(1 rotes und 1 weißes Gummibärchen) = P(r; w) + P(w; r) = $\frac{1}{3}$

S. 110 **11** a)

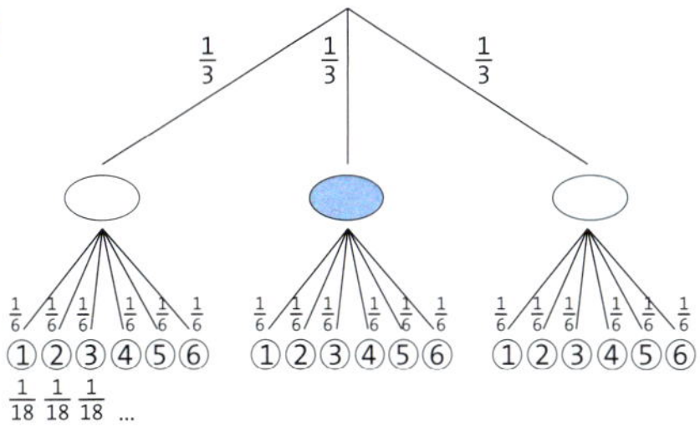

b) Es gibt $3 \cdot 6 = 18$ mögliche Ergebnisse.
Berechnete Wahrscheinlichkeiten für c) bis e):

c) $P(A) = \frac{1}{18}$

d) D = {(weiß; 3); (weiß; 4); (weiß; 5); (weiß; 6)}; $P(D) = \frac{4}{18} = \frac{2}{9}$.

e) E = {(weiß; 6); (dunkelblau; 6); (hellblau; 6)}.
$P(E) = \frac{3}{18} = \frac{1}{6}$; $P(\overline{E}) = 1 - P(E) = 1 - \frac{1}{6} = \frac{5}{6}$

f) Ereignis F: „Das Glücksrad zeigt dunkelblau an."

S. 110 **12** a) $P(\text{Ralf im ersten Zug}) = \frac{15}{25} = 0{,}6$; die Wahrscheinlichkeit beträgt 0,6.

b) $P(\text{Ralf im ersten und Mirko im zweiten Zug}) = \frac{5}{24} = 0{,}208\overline{3}$
Die Wahrscheinlichkeit beträgt $\frac{5}{24}$.

S. 111 **13** K: Moritz wirft einen Korb $P(K) = \frac{75}{100} = \frac{3}{4}$

N: Moritz wirft keinen Korb $P(N) = \frac{25}{100} = \frac{1}{4}$

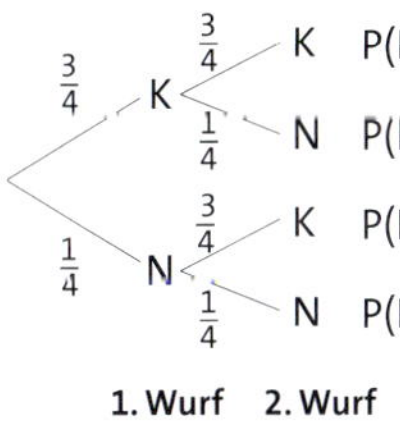

$P(K; K) = \frac{3}{4} \cdot \frac{3}{4} = \frac{9}{16} = 56{,}25\,\%$

$P(K; N) = \frac{3}{4} \cdot \frac{1}{4} = \frac{3}{16} = 18{,}75\,\%$

$P(N; K) = \frac{1}{4} \cdot \frac{3}{4} = \frac{3}{16} = 18{,}75\,\%$

$P(N; N) = \frac{1}{4} \cdot \frac{1}{4} = 0{,}0625 = 6{,}25\,\%$

	günstige Ergebnisse	**Anwenden der Summenregel**
A	(K; N); (N; K)	P(A) = P(K; N) + P(N; K) = 37,5 %
B	(K; N); (N; K); (K; K)	P(B) = P(K; N) + P(N; K) + P(K; K) = 93,75 %
C	(K; K)	P(C) = P(K; K) = 56,25 %
D	alle	P(D) = 100 % (sicheres Ereignis)
E	(N; N)	P(E) = P(N; N) = 6,25 %
F	(K; K)	P(F) = 56,25%

Er trifft mit einer Wahrscheinlichkeit von a) 37,5 % genau einmal; b) 93,75 % mindestens einmal; c) 56,25 % mindestens zweimal; d) 100 % höchstens zweimal (sicheres Ereignis); e) 6,25 % gar nicht; f) 56,25 % immer.

S. 112 **14** A: Nadja beantwortet beide Fragen richtig.
B: Nadja beantwortet mindestens eine Frage richtig.
C: Nadja beantwortet nur die 2. Frage richtig.

R: Nadja beantwortet die Frage richtig.
F: Nadja beantwortet die Frage nicht richtig.

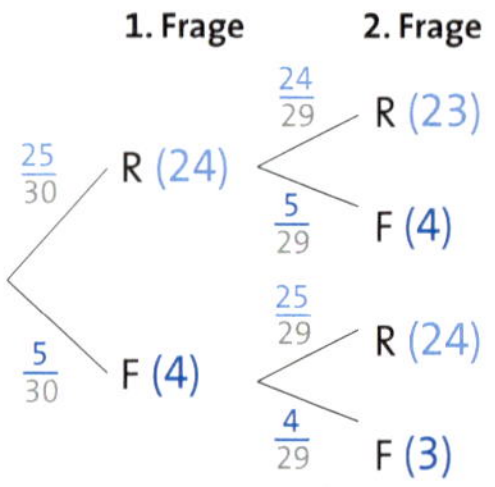

$P(R;R) = \frac{25 \cdot 24}{30 \cdot 29} = \frac{600}{870} \approx 0{,}6897 = 68{,}97\,\%$

$P(R;F) = \frac{25 \cdot 5}{30 \cdot 29} = \frac{125}{870} \approx 0{,}1437 = 14{,}37\,\%$

$P(F;R) = \frac{5 \cdot 25}{30 \cdot 29} = \frac{125}{870} \approx 0{,}1437 = 14{,}37\,\%$

$P(F;F) = \frac{5 \cdot 4}{30 \cdot 29} = \frac{20}{870} \approx 0{,}0230 = 2{,}30\,\%$

a) Die Wahrscheinlichkeit, dass Nadja beide Fragen richtig beantwortet, liegt bei ca. 69 % (P(A) = P(R; R) ≈ 69,0 %).

b) Die Wahrscheinlichkeit, dass Nadja mindestens eine Frage richtig beantwortet, liegt bei ca. 97,7 % (P(B) = P(R; R) + P(R; F) + P(F; R) ≈ 97,7 %).

c) Die Wahrscheinlichkeit, dass Nadja nur die 2. Frage richtig beantwortet, liegt bei ca. 14,4 % (P(C) = P(F; R) ≈ 14,4 %).

S. 112 **15**

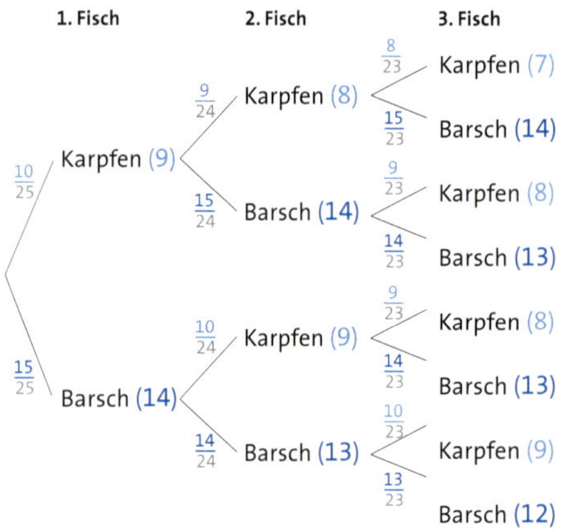

$P(KKK) = \frac{10 \cdot 9 \cdot 8}{25 \cdot 24 \cdot 23} = \frac{720}{13\,800} \approx 0{,}0522 = 5{,}22\,\%$

$P(KKB) = \frac{10 \cdot 9 \cdot 15}{25 \cdot 24 \cdot 23} = \frac{1350}{13\,800} \approx 0{,}0978 = 9{,}78\,\%$

$P(KBK) = \frac{10 \cdot 15 \cdot 9}{25 \cdot 24 \cdot 23} = \frac{1350}{13\,800} \approx 0{,}0978 = 9{,}78\,\%$

P(KBB)

$P(BKK) = \frac{15 \cdot 10 \cdot 9}{25 \cdot 24 \cdot 23} = \frac{1350}{13\,800} \approx 0{,}0978 = 9{,}78\,\%$

P(BKB)

P(BBK)

P(BBB)

$P(\text{mind. 2 Karpfen}) = \frac{4470}{13\,800} \approx 0{,}346 = 34{,}6\,\%$

Er hat mit einer Wahrscheinlichkeit von ca. 0,346 = 34,6 % mindestens zwei Karpfen gefangen.

S. 113 **16** **a)**

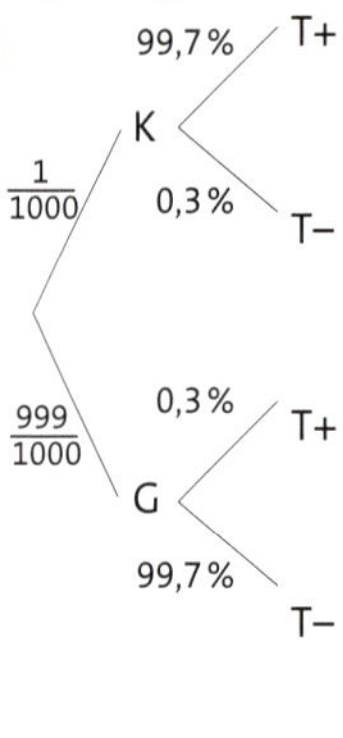

T+ (K; T+): Person hat die Krankheit und diese wurde per Test erkannt. P(K; T+) = 0,0997 %

T– (K; T–): Person hat die Krankheit und diese wurde nicht per Test erkannt. P(K; T–) = 0,0003 %

T+ (G; T+): Person hat die Krankheit nicht, trotzdem ergibt der Test, sie hätte die Krankheit. P(G; T+) = 0,2997 %

T– (G; T–): Person hat die Krankheit nicht und der Test hat die Krankheit auch nicht festgestellt. P(G;T–) = 99,6003 %

0,3994 % der gestesteten Personen werden positiv getestet; 99,6006 % negativ.

b) 25 % der Personen, die laut Test die Krankheit haben, haben sie tatsächlich. Selbst bei positivem Testergebnis ist die Wahrscheinlichkeit größer, die Krankheit **nicht** zu haben.

S. 114 **17** **a)** $\frac{\text{Anzahl der günstigen Fälle}}{\text{Anzahl der möglichen Fälle}} = \frac{2}{6} = \frac{1}{3}$
Die Wahrscheinlichkeit, eine 5 oder eine 6 zu erhalten, betrug ca. 33 %.

b)

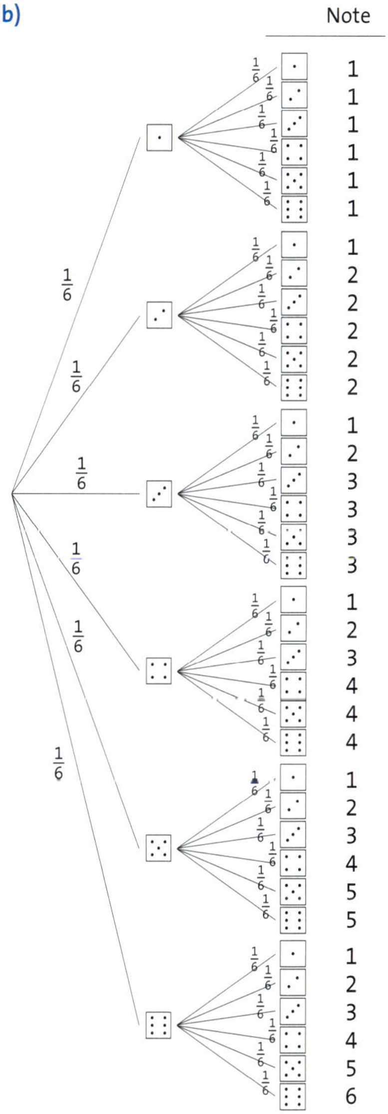

c) Natürlich wird es Ärger geben, da die Noten in keiner Weise nachvollziehbar sind und den erbrachten Leistungen nicht entsprechen.

d) P(mindestens eine 2) = P(1; 1) + P(1; 2) + P(1; 3) + P(1; 4) + P(1; 5) + P(1; 6) + P(2; 1) + P(2; 2) + P(2; 3) + P(2; 4) + P(2; 5) + P(2; 6) + P(3; 1) + P(3; 2) + P(4; 1) + P(4; 2) + P(5; 1) + P(5; 2) + P(6; 1) + P(6; 2)

$= 20 \cdot \left(\frac{1}{6} \cdot \frac{1}{6}\right) = \frac{20}{36} = \frac{5}{9} \approx 55{,}6\,\%$

Die Wahrscheinlichkeit, dass Nora eine 2 oder eine 1 erhält, beträgt 55,6 %.

S. 115 **18**

Gewicht in g	73 und mehr	63–72	53–62	unter 53
Gewichtsklasse	XL	L	M	S
Anzahl	4	11	7	3

S. 116 **19** a)

Punkte	33–36	28–32	22–27	16–21	10–15	0–9
Note	1	2	3	4	5	6
Anzahl	5	7	2	5	8	0

b) $n = 27$; $\bar{x} \approx 3{,}1$

S. 116 **20** a) Das arithmetische Mittel beträgt ca. 26 €.

b) Das arithmetische Mittel macht keine Aussage über die zugrundeliegende Verteilung. Die Schüler, die weniger als 26 € Taschengeld bekommen, können diesen Wert dennoch sehr gut für eine Taschengelderhöhung einsetzen, da die Eltern nicht wissen können, dass nur zwei der Schüler mehr als 26 € Taschengeld bekommen. Die Eltern wissen auch nicht, dass weniger als die Hälfte der Schüler mehr als 22 € (Zentralwert) Taschengeld und ebenfalls weniger als die Hälfte weniger als 22 € Taschengeld bekommen. (Das arithmetische Mittel ohne Berücksichtigung der beiden Schüler, die viel mehr Taschengeld bekommen, beträgt ca. 21 €.)

S. 117 **21** a) Die beiden Werte liegen nah beieinander: $z = 22$; $\bar{x} \approx 21{,}8$.

b) Frau Franz könnte z. B. sagen, dass sie zwischen 20 und 25 Minuten braucht.

c) $\bar{x} = 25$; $z = 23$; der Zentralwert ändert sich kaum, der Mittelwert wird größer. Hier ist es also sinnvoller, den Zentralwert anzugeben.

S. 118 **22** $n = 10$; $Min = 5$; $q_u = 20$; $z = 22{,}5$; $q_o = 30$; $Max = 60$; Spannweite = 55

S. 119 **23** Auf zwei Nachkommastellen gerundet:

		Gruppe 1	Gruppe 2
a)	arithmetisches Mittel	50,88	52,63
	Maximum	80,00	63,00
	Minimum	22,00	40,00
b)	Spannweite	58,00	23,00
c)	mittlere Abweichung	24,38	6,63
d)	Varianz	612,60	54,98
e)	Standardabweichung	24,75	7,42